平底鍋愛戀蛋糕

年輪蛋糕&蛋糕卷

Contents

Part 1

多變造型  蛋糕卷

Part2 蛋糕之王 年輪蛋糕

Preface

一只平底鍋，
讓你圍繞在烘焙的幸福世界！

自從小學四年級愛上烘焙食譜開始，與點心結緣已經好久了，我的生活與點心、料理密不可分，這是我生活的一部分，也是我賴以為生的工具，有時候覺得自己很幸運，可以做自己想做的事，所以更加珍惜每一次食譜創作的機會。

但這一次是個挑戰，感覺是不容易成功的任務，雖然過程非常辛苦，但是我由衷地感恩合作多年的小燕給我這個機會磨練，完成自己都覺得不可思議的創作。

「年輪蛋糕」平常就深深吸引著我，尤其當我目睹年輪蛋糕製作過程的辛苦，更是對蛋糕師傅感到敬佩，品嚐年輪蛋糕的時候，除了滿足味蕾的享受，心中還多了一份尊重與感激。

年輪蛋糕一層又一層的鋪塗、燒烤、捲起，這個動作就像世代延續，代表生生不息的繁衍、新生命的不斷誕生。每當我切開年輪蛋糕的剖面，都會被一層又一層的紋路給吸引，以欣賞古董藝品的情調細細玩味；當蛋糕入口，味蕾的感動更不在話下，尤其是品嚐自己親手做的，特別好吃。

 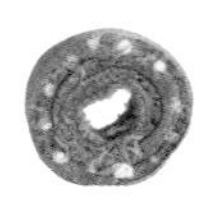  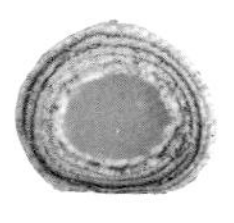 

為了增加讀者在視覺上的多元享受，年輪蛋糕的形狀也多了有趣的造型，例如：用竹炭粉製造黑色的蛋糕體；以串燒的概念製作出長方形的年輪；還有不需要捲軸就可以製作的年輪，讓人覺得製作年輪原來也可以很簡單。

「蛋糕卷」原本就是我家常見的點心，這次我在設計蛋糕卷的時候，特別規劃簡單又有趣的內餡材料，包括消暑的果凍、奶凍、臺版馬卡龍，甚至是即將被新一代遺忘的羊羹，都成了蛋糕卷的內餡。對我而言蛋糕卷饒富趣味意義，內餡像是個備受寵愛的小孩，軟綿綿的外皮是親愛的媽咪，寶貝小孩被媽咪緊緊環抱在懷裡哄著，瞇著眼嘴角微微上揚，幸福得幾乎要睡著了。

在這次拍攝過程中，多虧攝影師的老婆幫忙打理餐點，讓我和小燕每天都不需煩惱午飯該吃什麼，雅芳甚至還體貼地在每日下午4點鐘騎著腳踏車替我們買咖啡提神，還有皮薄餡多到爆漿的紅豆餅，真是太幸福了，謝謝你！

相信我，您在這本書中看到的每一款蛋糕，都是用一個平底鍋就輕鬆達成的，保證只要照著步驟，您在家也可以輕鬆製作蛋糕卷和年輪蛋糕，即使是嬰幼兒也可以放心品嚐。身為一個食譜創作者，最希望的是自己的食譜在您家中的廚房被實際操作，所以只要您有製作上的任何問題，都歡迎寫信到出版社的電子信箱，我會非常樂意為您解答。

祝您每天都圍繞在烘焙的幸福世界裡，甜蜜如意！

烘焙創意家 王安琪

Equipment

挑選好工具　烤出美味

棉布手套

一雙乾淨的棉布手套讓製作年輪蛋糕過程變得更順手，尤其棉布手套讓手指頭可以靈活應用，因此不建議使用隔熱手套。

橡皮刮刀

選購鍍面超薄耐高溫且不傷鍋面材質的橡皮刮刀為佳，適用於將蛋糕的邊緣翻起，以利於捲起，所以動作務必要輕柔，以免傷及鍋面。

盤子

將捲好的年輪蛋糕暫時放於長方形盤子上，等待下一片蛋糕煎熟，再鋪蓋上去捲起成型。

攪拌工具

包含攪拌盆、電動打蛋器為一組，將雞蛋打至鬆發的工具，也可以將奶油或其他烘焙材料混合時的最佳工具。

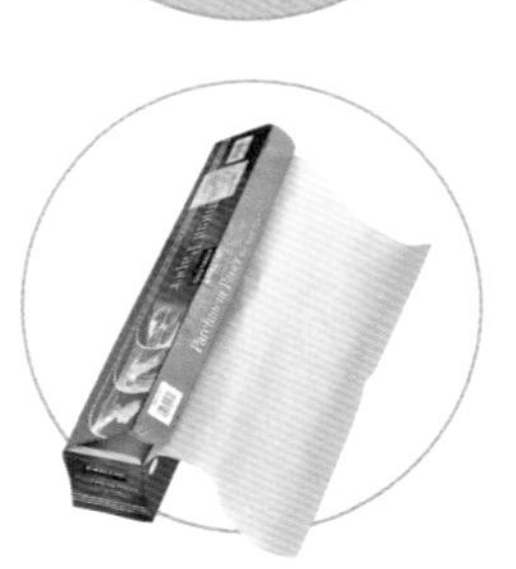

烘焙紙

適用於包裹蛋糕卷，雖然是油性材質，我還是習慣在外層套上一個塑膠袋，以避免蛋糕冰久了，變得乾巴巴。

濕抹布＆廚房紙巾

濕抹布有擦拭爐台、流理台的作用；紙巾則可折成厚厚的一小塊，再沾上植物油塗抹鍋面。

鐵板燒電磁爐

書中所使用的鐵板燒電磁爐為直徑28.5公分，鍋深3公分。優點是受熱面積均勻，短時間內可快速預熱，溫度操控容易，不卡油清洗方便。

平底鍋

在製作蛋糕過程中若發現鍋面變乾，要繼續抹上植物油，可避免蛋糕沾黏。建議選購有品質保證的廠牌，附上清楚售後服務和服務據點。本書使用直徑24～26公分，深度5公分以上的平底鍋。

湯勺

用在年輪蛋糕的製作上，湯勺可以舀出定量的麵糊，以控制蛋糕片的大小。

桿麵棍

長棍造型可以讓力量平均分散，使蛋糕卷會捲得更緊密、紮實，尤其是一開始提起蛋糕往下壓時，特別需要。

電鍋架

在取出蛋糕時將蛋糕放於電鍋架，上下通風可幫助蛋糕降溫。選購時以腳架長一點、架面直徑大一點為佳。

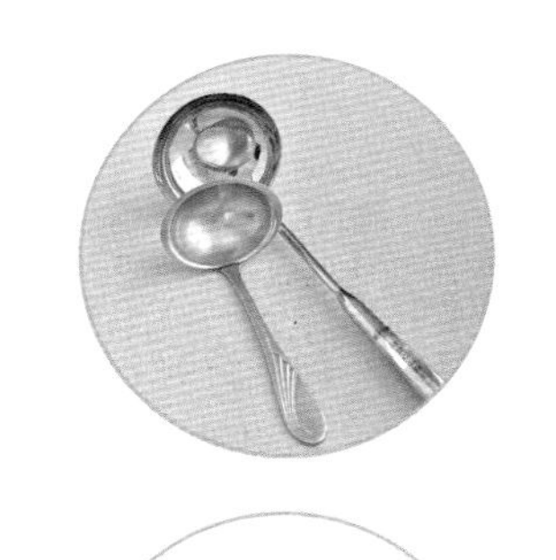

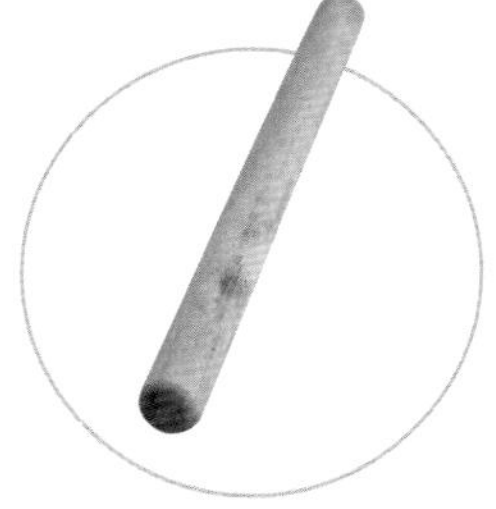

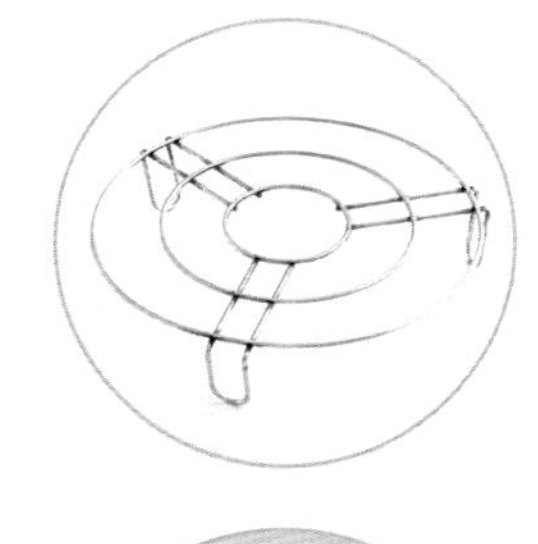

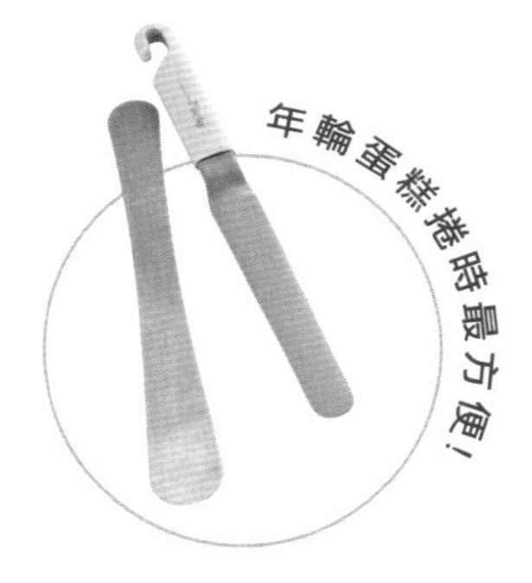

玉子燒鍋

可以煎煮少份量食材和不沾效果。選購時以厚重材質、耐煮、耐清洗為佳。玉子燒鍋尺寸上的限制，製作出來的年輪蛋糕不會太大。本書所使用為長18公分、寬13公分、鍋深2.5公分。

鋁箔紙

用在烤蛋糕體時鋪於平底鍋底部，除了方便將蛋糕取出，也可以避免蛋糕底部上色太深。撕除鋁箔紙時，上色的那一面也會被撕下來，所以不需擔心蛋糕底部上色太深。

捲軸

製作年輪蛋糕時需使用捲軸作為中心點的孔洞，依需要選擇適合的粗細，可以自製筷子捲軸（見p65）；應避免不適合加熱的材質，例如：保麗龍、塑膠。

脫模刀

這是用在輔助鍋內的年輪蛋糕捲起時的工具，因為厚度很薄，可以輕鬆地將蛋糕片翻起，當然平常也可以用在輔助戚風蛋糕的脫模工具。

Q&A

平底鍋烘烤 QA問答集

1

切出漂亮蛋糕訣竅？

準備一支鋒利的鋸齒刀，專門用來切割蛋糕和麵包，若沒有鋸齒刀，請準備一支鋒利的薄刀，也可以切出漂亮的蛋糕。包有內餡的蛋糕卷冷藏過後再切割，可以確保內餡材料不會掉落。

2

蛋糕的保存時間建議？

塗上餡料的蛋糕卷建議冷藏4天，若有新鮮蔬果則保存2天為佳，表面加上裝飾的蛋糕卷建議冷藏3～4天。放置在密封保鮮盒內是最佳選擇，若可以在蛋糕外套上塑膠袋，或是以保鮮膜包覆，更可以保鮮。

3

烘烤年輪蛋糕的重點？

不論是瓦斯爐、感應爐或是其他新穎的加熱爐具，記得使用最小火力、平均火候來加熱。記住年輪蛋糕的步驟：倒入麵糊、出現氣孔、蓋上鍋蓋、麵糊快乾、放入捲軸、開始捲起、關火。接著再烘烤下一片蛋糕，每次倒入麵糊前要檢查鍋面是否需要再薄塗一層油脂，以免黏鍋。

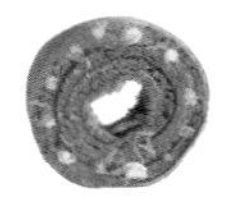

4

烘烤蛋糕需蓋鍋蓋嗎？

因為蛋糕體的厚度關係，必須利用鍋子內餘溫迴繞讓蛋糕卷內層熟化；而年輪蛋糕因為不翻面的關係，表面的麵糊熟化時間與底部不同，因此必須藉由蓋上鍋蓋的動作，讓熱空氣在鍋內循環，幫助表面的麵糊熟化。

5

烘烤蛋糕體時火候控制重點？

不論是瓦斯爐或是其他加熱爐具，記得使用最小火力、平均火候來加熱。蓋上鍋蓋目的是將蛋糕烤熟的重點，通常烤到10分鐘後，鍋蓋就會凝結水氣，這時候不只要擦拭鍋蓋，還要注意是否該關火了。

6

蛋糕體烤焦了怎麼辦？

在平底鍋鋪兩層鋁箔紙，可以避免顏色上色過深。撕掉鋁箔紙時幾乎可以一併將過深的糕體撕除，所以可以不必太擔心顏色的問題，絕對不影響口感。若必要的話，請耐心將過深的部分用小刀輕輕刮除。

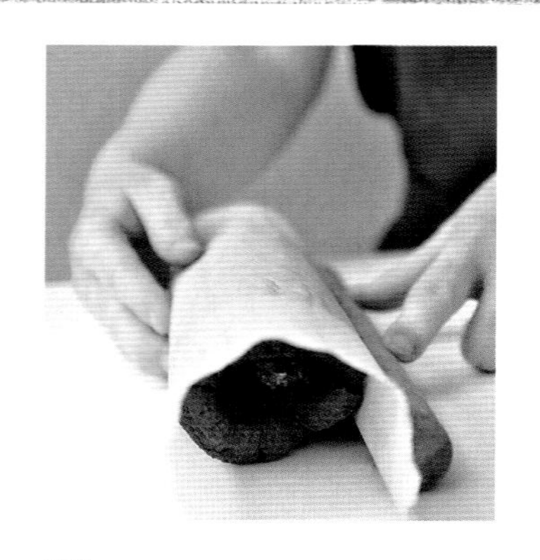

7

配方中奶油改植物油的原因？

奶油香氣十足且融點低，若火候控制不好容易焦化，植物油在使用上比較方便，兩種油品皆可使用，視個人習慣來決定，奶油在使用前請先融化再與材料混合。

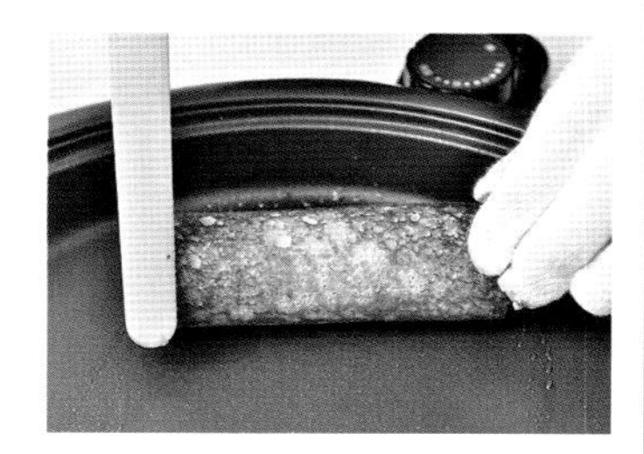

8

判斷蛋糕體熟的方法？

若蛋糕邊緣已經上色，但表面尚未熟化，請關閉火源後蓋上鍋蓋，利用鍋內的熱氣循環讓蛋糕上層燜熟，約10～15分鐘。若燜的時間結束，而且蛋糕和平底鍋已經完全降溫，但蛋糕表面還是濕的，即代表加熱的火溫太低，建議將蛋糕翻面，以小火加熱5～10分鐘即關火，用竹籤插入蛋糕體測試熟度，完全不沾黏竹籤即可。

9

捲蛋糕卷時的重點？

準備一張比蛋糕體大的長方形烘焙紙，鋪在蛋糕下面。從靠近身體的這一端開始捲，輕輕地先將蛋糕提起並向下壓；這個動作可以用桿麵棍幫忙，讓施力點更平均。接著可以用另一隻手輔助，把開始捲的這一端蛋糕穩住，緊緊地與內餡密合。最後收口時將接口處向下按壓數秒鐘使之固定；並將烘焙紙摺過來包住蛋糕卷，必要時可以用長尺向內收，讓蛋糕卷的形狀更圓。

10

挑選平底鍋重點？

需附符合無毒、無塑化劑殘留的合格證明。鍋子厚與薄不代表品質好壞，價格高低也不代表它沾黏與否。一般厚鍋子保溫效果好，鍋身穩固；薄鍋子導熱快但保溫效果較差，優點是鍋身輕，易拿取。務必附鍋蓋，因為烘烤蛋糕時需蓋上鍋蓋，透過熱氣循環加熱，透明鍋蓋可清楚看到凝結的水氣，較易掌握擦拭的時間點。

11

平底鍋清洗和保養技巧？

由於平底鍋緣已抹油，底已鋪鋁箔紙，烘烤後不容易沾黏，很容易清洗。若不小心沾黏麵糊，可先讓鍋子降溫再倒些水浸泡，直到沾黏的物體脫落，用海綿輕輕刷洗即可。清洗時以溫水為宜，忌諱熱鍋子用冷水沖刷；剛使用完的鍋子建議用熱水清洗，或是等到鍋子降溫後再洗。鍋蓋容易殘留食物氣味、油脂，長期易形成污垢，故需清洗乾淨。鍋子洗淨後立刻用乾淨抹布或廚房紙巾拭淨，或倒扣陰乾。因為水氣凝結在鍋面上也會傷害鍋子的材質。

蛋糕卷饒富趣味意義，

內餡像是個備受寵愛的小孩，

軟綿綿的外皮是親愛的媽咪，

寶貝小孩被媽咪緊緊環抱在懷裡哄著，

瞇著眼嘴角微微上揚，

幸福得幾乎要睡著了。

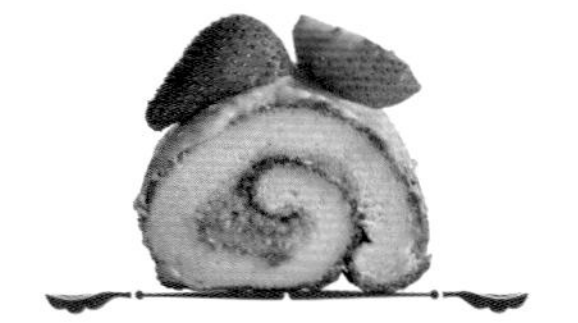

Part1
多變造型。蛋糕卷
Cake Roll

香草蛋糕體

Vanilla Sponge

INGREDIENT

A

蛋黃3個、細砂糖15公克、香草精1/2小匙

B

牛奶36公克、植物油18公克

C

低筋麵粉45公克、泡打粉1/4小匙

D

蛋白3個、細砂糖40公克

RECIPE

1 蛋黃、細砂糖放入攪拌盆，用打蛋器中速攪拌到蛋黃液顏色變淡且體積膨脹，加入香草精拌勻。

2 材料B混合拌勻，分次加入攪拌盆，用慢速拌勻（圖3）。

3 材料C混合過篩後加入攪拌盆中，用1支網狀攪拌器輕輕攪拌均勻即為蛋黃麵糊（圖4）。

4 將蛋白放入另一個乾淨攪拌盆，用打蛋器快速打到呈粗粒泡沫（圖5），轉中速。

烘烤前準備

1 在平底鍋邊緣刷上少許沙拉油。

2 準備2張和平底鍋直徑同大的圓形鋁箔紙；另準備2張鋁箔紙，折成寬度約5公分的長條狀當作提把。

3 先把2張折成長條的鋁箔紙（或烘焙紙）放在鍋底，左右兩端高於鍋身以便當提把，上面再鋪2張比鍋底面積略大1公分的鋁箔紙（或烘焙紙）（圖1）。

4 準備1支脫模刀輕輕按壓蛋糕體表面，可測試蛋糕的熟度。

5 準備乾淨抹布或廚房紙巾，用來擦拭關火之後凝結在鍋蓋上的水氣（圖2）。

1

3

2

4

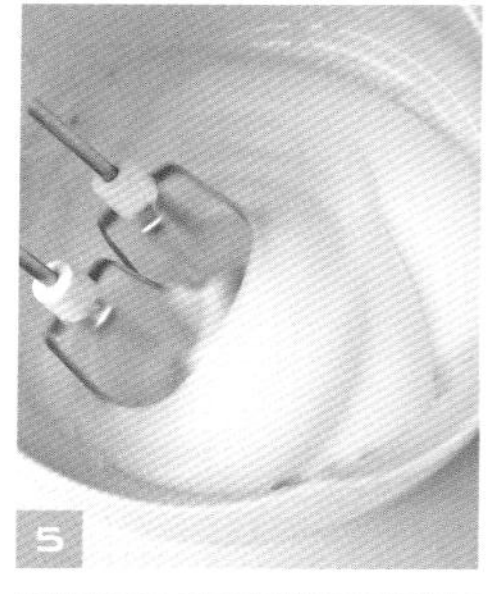
5

10

6

11

7

12

8

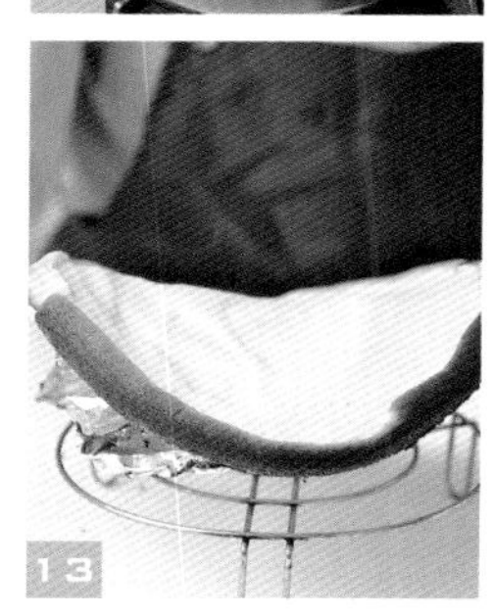
13

9

14

5 細砂糖分3次加入盆中拌勻，直到提起打蛋器時泡沫會在尖端呈現倒鉤狀，即為乾性發泡（圖6）。

6 取1/3份量蛋白糊加入作法3蛋黃麵糊內拌勻（圖7），再倒入蛋白糊中輕輕拌勻即為麵糊（圖8）。

7 將麵糊倒入平底鍋，整平（圖8），蓋上鍋蓋後放在瓦斯爐上，以中心點的最小火加熱約12～15分鐘，立刻關火，蓋上鍋蓋續燜15分鐘（圖9、10、11）。

8 取出蛋糕前先用脫模刀將邊緣輕輕托起，接著抓住鋁箔紙快速提起蛋糕（圖12），放在網架上待降溫（圖13）。

9 準備1張乾淨烘焙紙蓋在蛋糕上，將蛋糕上下翻面，撕去蛋糕底部烘焙紙（圖14），再將蛋糕翻回正面即可。

ANNIE'S TIPS

◇ 烤好的蛋糕體可先用烘焙紙包裹，裝入塑膠袋，再放入冰箱保存，冷藏5天、冷凍15天。

◇ 打發蛋白的攪拌盆不可以有蛋黃、油污或是水分。

◇ 每個加熱的爐具火力和狀況不同，食譜建議的加熱時間僅供參考，請讀者在製作時需守在爐邊，或是使用計時器的輔助，以避免焦黑情況，也可藉由蛋糕邊緣上色程度和味道來分辨是否應該關火。

◇ 若未立刻將蛋糕捲起，建議在蛋糕上鋪上烘焙紙或是保鮮膜，以防蛋糕乾硬。

◇ 直徑24～26公分，深度5公分以上的平底鍋最適用於烘烤蛋糕，由於蛋糕出爐降溫後體積會略縮，因此太淺的平底鍋將無法呈現蛋糕的蓬鬆感。

◇ 使用傳統瓦斯爐製作時，請將平底鍋放置在比較高的爐架上邊，避免鍋底直接接觸火源。

◇ 烤蛋糕過程中無法翻面，需要靠鍋子內的熱氣循環來熟化，鍋蓋是很重要的工具，最好與鍋身搭配且完全密合。

◇ 鋪在平底鍋的烘焙紙需確定可以耐高溫加熱，且保持蛋糕上色均勻為宜。

◇ 平底鍋烤出來的蛋糕口感和烤箱是相同，亦可放入烤箱烘烤。

巧克力蛋糕體

Ingredient

A

可可粉15公克、玉米粉6公克、熱開水50cc

B

蛋黃1個、細砂糖15公克、植物油18公克

C

低筋麵粉40公克、泡打粉1/4小匙、小蘇打粉少許

D

蛋白3個、細砂糖40公克

Annie's Tips

◇ 可可粉所含油脂容易使蛋白消泡，所以攪拌混合的動作務必輕、快，在粉類中添加適量小蘇打粉，有酸鹼中和的作用。

Recipe

1. 可可粉和玉米粉混合過篩於攪拌盆，倒入熱開水快速攪拌均勻。
2. 蛋黃、細砂糖放入攪拌盆，攪拌到蛋黃液顏色變淡且體積膨脹，加入沙拉油、作法1材料拌勻。
3. 材料C混合過篩後加入攪拌盆，輕輕拌勻即為蛋黃麵糊。
4. 將蛋白放入另一個乾淨攪拌盆，用打蛋器快速打到呈粗粒泡沫，轉中速。
5. 細砂糖分3次加入盆中攪打至蛋白糊端呈倒鉤狀，取1/3份量蛋白糊加入蛋黃糊內拌勻，倒入蛋白糊中輕輕拌勻即為麵糊。
6. 將麵糊倒入平底鍋，整平，蓋上鍋蓋，以最小火加熱約12～15分鐘，關火，蓋上鍋蓋續燜15分鐘至熟。
7. 接著抓住鋁箔紙提起蛋糕體，放在網架上待降溫。
8. 準備1張烘焙紙蓋在蛋糕上，上下翻面，撕去底部烘焙紙，再將蛋糕翻回正面即可。

杏仁蛋糕體

INGREDIENT

A

蛋黃3個、細砂糖15公克

B

牛奶36公克、植物油18公克、杏仁露1小匙

C

低筋麵粉39公克、杏仁粉15公克、泡打粉1/4小匙

D

蛋白3個、細砂糖40公克

ANNIE'S TIPS

◇ 使用方便取得的杏仁粉皆可，在烘焙材料行販售的多半是進口的橄欖型杏仁，俗稱美國杏仁；而傳統市場上販售的大多是南杏或北杏，做為沖泡早餐飲品之用途，不論哪一種，只要是百分百純杏仁粉都可以使用。

◇ 杏仁粉必需透過篩網過篩，務必盡量篩得與麵粉顆粒相等的粗細，製作完成的蛋糕口感才會細膩。

RECIPE

1 蛋黃、細砂糖放入攪拌盆，攪拌到蛋黃液顏色變淡且體積膨脹，加入材料B拌勻。

2 材料C混合過篩後加入攪拌盆，輕輕攪拌均勻即為蛋黃麵糊。

3 將蛋白放入另一個乾淨攪拌盆，用打蛋器快速打到呈粗粒泡沫，轉中速。

4 細砂糖分3次加入盆中攪打至蛋白糊端呈倒鉤狀，取1/3份量蛋白糊加入蛋黃麵糊內拌勻，再倒入蛋白糊中拌勻即為麵糊。

5 將麵糊倒入平底鍋，整平，蓋上鍋蓋，以最小火加熱約12～15分鐘，關火，蓋上鍋蓋續燜15分鐘至熟。

6 接著抓住鋁箔紙提起蛋糕體，放在網架上待降溫。

7 準備1張烘焙紙蓋在蛋糕上，上下翻面，撕去底部烘焙紙，再將蛋糕翻回正面即可。

黑糖蛋糕體

INGREDIENT

A

蛋黃3個、細砂糖9公克

B

水18公克、植物油18公克、黑糖蜜35公克

C

低筋麵粉45公克、泡打粉1/4小匙

D

蛋白3個、細砂糖40公克

Brown Sugar Sponge

RECIPE

1 蛋黃、細砂糖放入攪拌盆，攪拌到蛋黃液顏色變淡且體積膨脹，加入材料B拌勻。

2 材料C混合過篩後加入攪拌盆，輕輕拌勻即為蛋黃麵糊。

3 將蛋白放入另一個乾淨攪拌盆，用打蛋器快速打到呈粗粒泡沫，轉中速。

4 細砂糖分3次加入盆中攪打至蛋白糊端呈倒鉤狀，取1/3份量蛋白糊加入蛋黃麵糊內拌勻，倒入蛋白糊中拌勻即為麵糊。

5 將麵糊倒入平底鍋，整平，蓋上鍋蓋，以最小火加熱約12～15分鐘，關火，蓋上鍋蓋續燜15分鐘至熟。

6 接著抓住鋁箔紙提起蛋糕體，放在網架上待降溫。

7 準備1張烘焙紙蓋在蛋糕上，上下翻面，撕去底部烘焙紙，再將蛋糕翻回正面即可。

抹茶蛋糕體

INGREDIENT

A

蛋黃3個、細砂糖15公克

B

牛奶36公克、植物油18公克

C

低筋麵粉45公克、抹茶粉3公克、泡打粉1/4小匙

D

蛋白3個、細砂糖40公克

RECIPE

1 蛋黃、細砂糖放入攪拌盆，攪拌到蛋黃液顏色變淡且體積膨脹，加入材料B拌勻。

2 材料C混合過篩後加入攪拌盆，輕輕拌勻即為蛋黃麵糊。

3 將蛋白放入另一個乾淨攪拌盆，用打蛋器快速打到呈粗粒泡沫，轉中速。

4 細砂糖分3次加入盆中攪打至蛋白糊端呈倒鉤狀，取1/3份量蛋白糊加入蛋黃糊內拌勻，倒入蛋白糊中拌勻即為麵糊。

5 將麵糊倒入平底鍋，整平，蓋上鍋蓋，以最小火加熱約12～15分鐘，關火，蓋上鍋蓋續燜15分鐘至熟。

6 接著抓住鋁箔紙提起蛋糕體，放在網架上待降溫。

7 準備1張烘焙紙蓋在蛋糕上，上下翻面，撕去底部烘焙紙，再將蛋糕翻回正面即可。

咖啡蛋糕體

INGREDIENT

A

蛋黃3個、細砂糖15公克

B

即溶咖啡粉3公克、牛奶36公克、植物油18公克

C

低筋麵粉45公克、泡打粉1/4小匙

D

蛋白3個、細砂糖40公克

Coffee Sponge

RECIPE

1 蛋黃、細砂糖放入攪拌盆，攪拌到蛋黃液顏色變淡且體積膨脹，加入材料B拌勻。

2 材料C混合過篩後加入攪拌盆，輕輕拌勻即為蛋黃麵糊。

3 將蛋白放入另一個乾淨攪拌盆，用打蛋器快速打到呈粗粒泡沫，轉中速。

4 細砂糖分3次加入盆中攪打至蛋白糊端呈倒鉤狀，取1/3份量蛋白糊加入蛋黃麵糊內拌勻，再倒入蛋白糊中輕輕拌勻即為咖啡麵糊。

5 將麵糊倒入平底鍋，整平，蓋上鍋蓋，以最小火加熱約12～15分鐘，關火，蓋上鍋蓋續燜15分鐘。

6 接著抓住鋁箔紙提起蛋糕體，放在網架上待降溫。

7 準備1張烘焙紙蓋在蛋糕上，上下翻面，撕去底部烘焙紙，再將蛋糕翻回正面即可。

原味鮮奶油

INGREDIENT

動物性鮮奶油100公克
細砂糖20公克

RECIPE

1 動物性鮮奶油、細砂糖放入攪拌盆。

2 用網狀攪拌器以中速打發，直到鮮奶油可以附著在攪拌器上呈凝固不掉落狀態即可。

ANNIE'S TIPS

◇ 夏天時請在攪拌盆底下墊一盆冰水，讓鮮奶油保持在低溫狀態下攪拌為佳。

◇ 鮮奶油六成發是指從液態開始轉成固態時，若要添加其他材料，請在這個狀態加入。

◇ 鮮奶油完全打發是指材料可以完全附著在攪拌器上，即使把攪拌盆倒著放，材料也不會掉落的凝固狀態，此時最適合塗抹於蛋糕體上。

◇ 若不慎將鮮奶油攪拌過頭，就只好繼續攪拌變成塗抹麵包的奶油抹醬，一點也不會浪費，抹醬盡量在 2～3 天內食用完畢，以維持新鮮和美味。

◇ 這個單元的鮮奶油份量可以塗抹 2 片蛋糕體。除了蛋糕外，亦可搭配咖啡、奶茶或鬆餅來品嚐。

香草鮮奶油

INGREDIENT

動物性鮮奶油150公克
細砂糖15公克
香草精1/4小匙

RECIPE

1 動物性鮮奶油、細砂糖和香草精放入攪拌盆。

2 用網狀攪拌器以中速打發，直到鮮奶油可以附著在攪拌器上呈凝固不掉落狀態即可。

咖啡鮮奶油

INGREDIENT

動物性鮮奶油150公克
細砂糖15公克
即溶咖啡粉1/2小匙

RECIPE

1 動物性鮮奶油、細砂糖和咖啡粉放入攪拌盆。

2 用網狀攪拌器以中速打發，直到鮮奶油可以附著在攪拌器上呈凝固不掉落狀態即可。

Coffee & Walnuts Cake Roll

咖啡核桃蛋糕卷

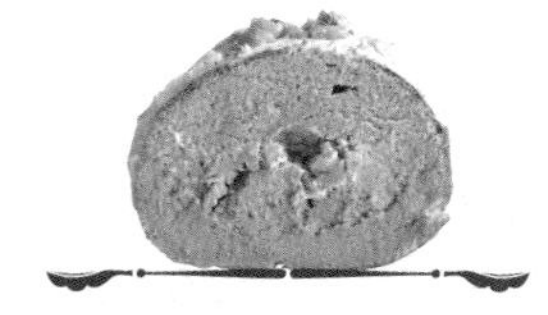

完成品份量：長 25 公分 1 條
最佳賞味期：冷藏 4 天

INGREDIENT

A

咖啡蛋糕體1個（見p18）

B

生核桃粒100公克

C

動物性鮮奶油100公克
細砂糖20公克
即溶咖啡粉2公克

RECIPE

1　生核桃粒放入乾鍋，以小火炒到香氣散出後關火，盛出核桃粒，待降溫後切碎（圖1、2）。

2　將全部材料C倒入攪拌盆，用網狀攪拌器以中速打發，直到鮮奶油可以附著在攪拌器上呈凝固不掉落狀態即可（圖3）。

ANNIE'S TIPS

◇ 堅果類的材料由於脂肪含量高，所以必須冷藏或冷凍保存，以免油脂氧化變質。

◇ 烘焙紙尺寸必須大於蛋糕面積，圓形或方形皆可，再放置於工作檯操作。

◇ 用烘焙紙包好的蛋糕卷，放入塑膠袋或密封盒，可以避免蛋糕體失去水分而糕體變硬。

◇ 剛捲好的蛋糕卷較軟，先放入冰箱冷藏一天可定型，隔天切片時較不容易散落。

◇ 使用鋒利的薄片鋸齒刀來切割蛋糕卷，可使蛋糕切面完整好看。

3 撕一大張烘焙紙鋪在桌面，小心撕除鋪於咖啡蛋糕體底層的鋁箔紙後，蛋糕上色的那面朝下，未上色的那面朝上放於烘焙紙上（圖4）。

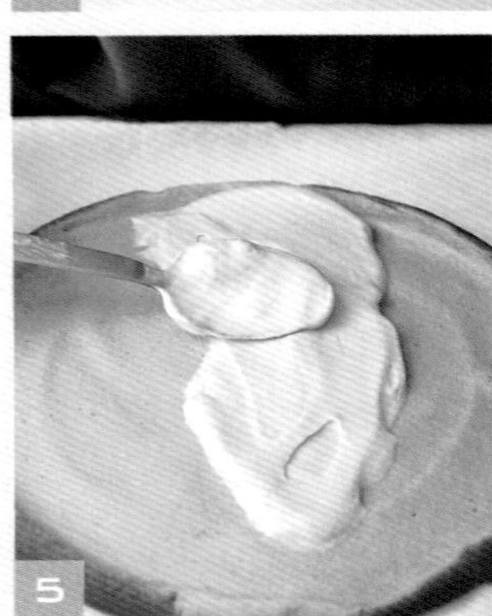

4 取50公克咖啡鮮奶油，利用湯匙背塗抹於蛋糕表面，取80公克烤過的核桃碎均勻鋪於蛋糕中間（圖5、6）。

5 連同烘焙紙慢慢捲起，剛開始捲起時先提起一邊（左或右均可），輕壓數下，邊往前推邊慢慢捲，待完全捲好時，再利用桿麵棍協助稍微按壓數秒鐘，兩端烘焙紙需往內密合折好，再放入塑膠袋或保鮮盒，放入冰箱冷藏1天至定型（圖7、8、9、10、11、12、13、14）。

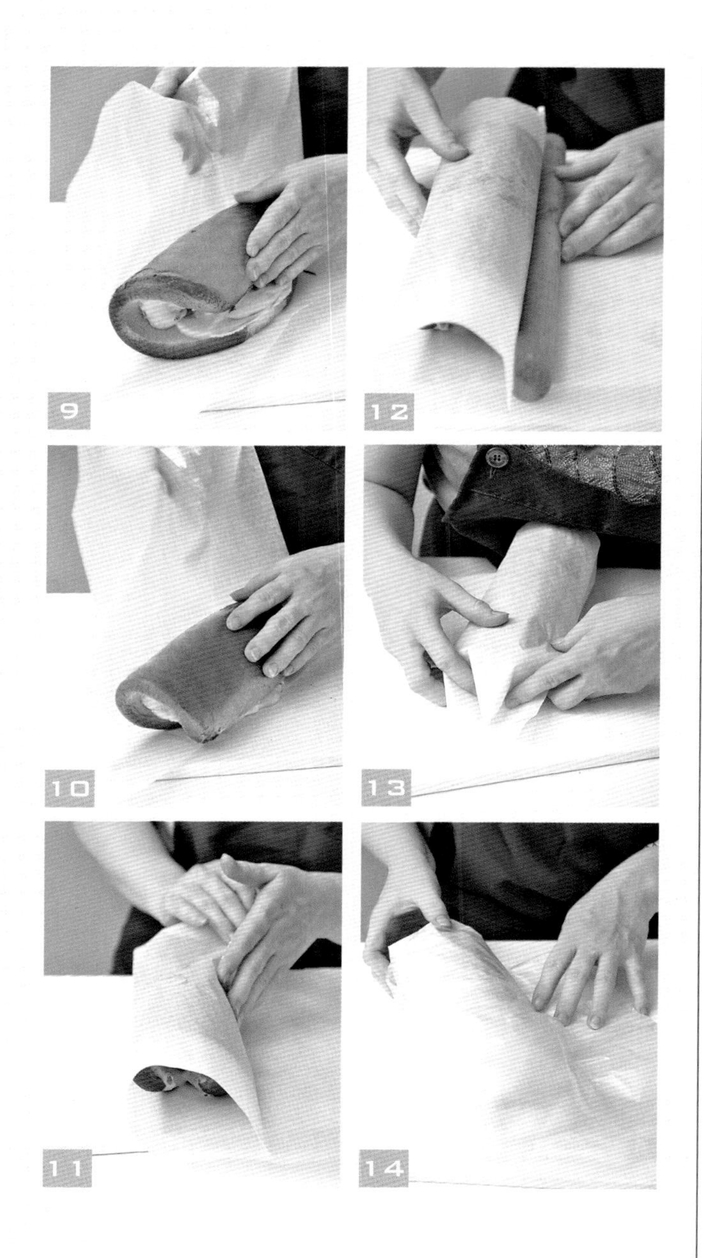

6 取出蛋糕卷，切除兩端多餘的蛋糕邊，把剩餘的咖啡鮮奶油塗抹在蛋糕卷外圍，再均勻撒上核桃碎裝飾即完成，食用時再切片，依個人需要而切適合的厚度（圖15）。

Strawberry Cheese Cake Roll

草莓起司蛋糕卷

完成品份量：長 25 公分 1 條
最佳賞味期：冷藏 2 天

INGREDIENT

A

香草蛋糕體1個（見p12）

B

草莓200公克
細砂糖50公克
奶油起司100公克
檸檬汁10公克

C

草莓5個
防潮糖粉適量

RECIPE

1. 材料B的草莓洗淨，擦乾後去蒂頭，放入鍋中，加入細砂糖，用小火煮到沸騰並且呈現黏稠的果漿狀態即可關火。
2. 奶油起司和檸檬汁用打蛋器攪拌到鬆軟。
3. 將作法2和作法1材料混合拌勻，即成草莓起司餡。
4. 將材料C的草莓洗淨，擦乾後去蒂頭，切半，用廚房紙巾吸乾多餘的水分。
5. 撕一大張烘焙紙鋪在桌面，放上香草蛋糕體。
6. 取100公克草莓起司餡塗抹在蛋糕上面（圖1），捲起（圖2），再放入冰箱冷藏1天至定型即可。
7. 蛋糕表面抹上剩餘的草莓起司餡，擺上草莓片（圖3），均勻篩上防潮糖粉即可。

ANNIE'S TIPS

◇用不完的草莓起司餡可以當作吐司或餅乾的抹醬。

◇香草蛋糕體加草莓起司的組合，更能引出草莓的香氣和鮮甜滋味。

1

2

3

黑糖桂圓蛋糕卷

完成品份量：長 25 公分 1 條
最佳賞味期：冷藏 4 天

Ingredient

A

黑糖蛋糕體1個（見p16）

B

六分發原味鮮奶油150公克（見p19）
酒釀1大匙

C

黑糖粉1大匙
桂圓乾少許

Recipe

1. 酒釀瀝乾汁液，加入原味鮮奶油攪拌到完全打發，即成酒釀鮮奶油醬。
2. 撕一大張烘焙紙鋪在桌面，放上黑糖蛋糕體。
3. 取2/3份量的酒釀鮮奶油醬塗抹在蛋糕上面，捲起，再放入冰箱冷藏1天至定型即可。
4. 蛋糕表面抹上剩餘的酒釀鮮奶油醬，均勻篩上黑糖粉，擺上桂圓乾點綴。

Brown Sugar Dry Longan Cake Roll

Annie's Tips

◇ 市售桂圓乾品質參差不齊，購買的時候除了要認明有信譽保證的品牌以外，最好還可以聞聞看桂圓乾的味道，如果味道自然香甜而且濃郁，即代表好品質。

◇ 平時晚飯後可以喝一小杯桂圓紅棗茶，有幫助睡眠的功效。

提拉蜜絲蛋糕卷

完成品份量：長 25 公分 1 條
最佳賞味期：冷藏 4 天

INGREDIENT

A

咖啡蛋糕體1個（見p18）

B

六分發香草鮮奶油100公克（見p19）
馬司卡邦起司100公克
手指餅乾3片

C

防潮可可粉適量

RECIPE

1. 馬司卡邦起司放入攪拌盆，用網狀攪拌器打軟，再加入香草鮮奶油拌勻，即成起司奶油餡。
2. 撕一大張烘焙紙鋪在桌面，放上咖啡蛋糕體，在蛋糕表面塗抹已拌勻的起司奶油餡。
3. 將手指餅乾放在蛋糕中間，捲起，再放入冰箱冷藏1天至定型。
4. 取出蛋糕卷，均勻篩上防潮可可粉即可。

Tiramisu Cake Roll

ANNIE'S TIPS

◇馬司卡邦起司（mascarpone cheese）和鮮奶油拌勻後，可以再添加 1/2 大匙的咖啡酒增加香氣，或是將手指餅乾浸泡在咖啡酒中稍微吸取咖啡汁，但記得不要將餅乾泡糊了。

◇手指餅乾可以在全省各大百貨超市、烘焙材料行選購，也可以改用便利商店買得到的威化餅乾替代。

Chestnuts Cake Roll

栗子蒙布朗蛋糕卷

完成品份量：長 25 公分 1 條
最佳賞味期：冷藏 4 天

INGREDIENT

A

杏仁蛋糕體1個（見p15）

B

栗子醬200公克
蘭姆酒1/2大匙
六分發原味鮮奶油100公克（見p19）

C

熟栗子6顆

D

熟栗子4顆
防潮糖粉適量

RECIPE

1. 材料B混合拌勻即成栗子奶油醬，材料C熟栗子切小丁，備用。
2. 撕一大張烘焙紙鋪在桌面，放上杏仁蛋糕體。
3. 將2/3份量栗子奶油醬塗抹在蛋糕上面，均勻鋪上熟栗子丁（圖1），捲起（圖2、3），再放入冰箱冷藏1天至定型即可。
4. 將蛋糕表面抹上剩餘的栗子奶油醬，均勻篩上防潮糖粉，擺上熟栗子即可（圖4）。

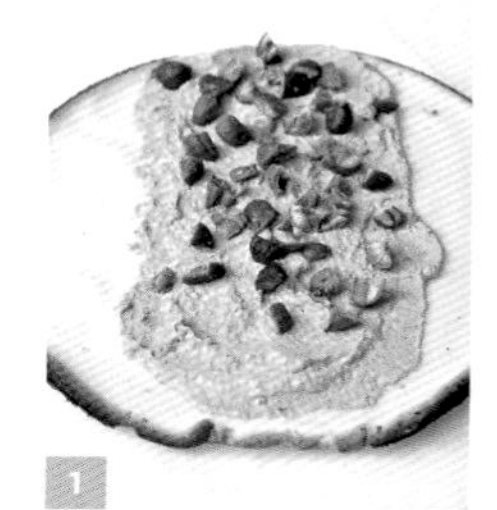

1

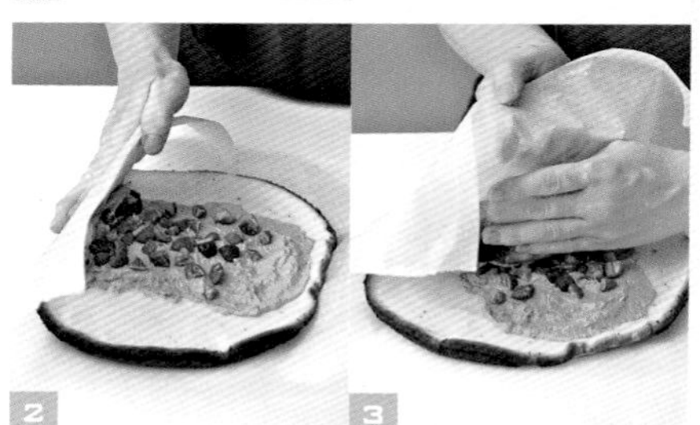

2 3

4

ANNIE'S TIPS

◇ 防潮糖粉是經過加工以後的乾性糖粉，適合撒在糕點表面當作裝飾，口感雖然也有甜味，但不適合替代糖粉加入材料中製作麵糊，所以家中若沒有防潮糖粉，就請使用一般糖粉即可。

鳳梨果醬蛋糕卷

完成品份量：長 25 公分 1 條
最佳賞味期：冷藏 4 天

Pineapple Jam Cake Roll

INGREDIENT

A

巧克力蛋糕體1個（見p14）
鳳梨果醬60公克

B

防潮糖粉1大匙
新鮮鳳梨片適量

RECIPE

1. 撕一大張烘焙紙鋪在桌面，放上巧克力蛋糕體。
2. 在蛋糕表面塗抹鳳梨果醬，捲起，再放入冰箱冷藏1天至定型。
3. 取出蛋糕卷，均勻篩上防潮糖粉，切片後以鳳梨片裝飾即可。

ANNIE'S TIPS

◇ 鳳梨果醬是自製的，將 1 公斤去皮鳳梨果肉切碎（果心的部分也要加進去），搭配 400 公克有機冰糖，充分翻攪讓鳳梨軟化出汁，用中火開始煮，煮到材料的湯汁變得黏稠即可關火。

◇ 鳳梨果醬的湯汁很多，如果把湯汁和果肉分開保存。湯汁的部分可以當作糕點、優格的淋醬，或是用來調配成好喝的飲品；果肉的部分則可以當作麵包、蛋糕和餅乾的內餡。如果把湯汁煮到完全收汁變硬，就可以做為鳳梨酥的餡料。

花生香蕉蛋糕卷

完成品份量：長 25 公分 1 條
最佳賞味期：冷藏 2 天

INGREDIENT

A

香草蛋糕體1個（p12）

B

花生醬40公克
原味優格60公克
香蕉1根

RECIPE

1. 花生醬和優格混合攪拌均勻，即成內餡；香蕉剝皮，備用。
2. 撕一大張烘焙紙鋪在桌面，放上香草蛋糕體，在蛋糕表面塗抹已拌勻的花生優格醬。
3. 將香蕉擺放在蛋糕中間，捲起，再放入冰箱冷藏1天至定型即可切片。

Peanut Butter & Banana Cake Roll

ANNIE'S TIPS

◇ 花生醬可以選購軟滑或顆粒皆宜。

◇ 平常單純吃花生醬覺得太甜了，因此靈機一動，把花生醬和原味優格混合拌勻，沒想到味道立刻變得清淡爽口。

薄荷起司蛋糕卷

完成品份量：長 25 公分 1 條
最佳賞味期：冷藏 4 天

INGREDIENT

A

抹茶蛋糕體1個（p17）

B

奶油起司100公克
檸檬汁1小匙
六分發原味鮮奶油50公克（p19）
新鮮薄荷3公克

C

黑巧克力片適量

RECIPE

1. 薄荷切碎；巧克力片切小片，備用。
2. 奶油起司和檸檬汁混合拌勻，加入六分發鮮奶油拌勻，再加入薄荷碎拌勻，即成薄荷起司餡。
3. 撕一大張烘焙紙鋪在桌面，放上抹茶蛋糕體。
4. 留1大匙的薄荷起司餡，準備當作表面裝飾，剩餘內餡塗抹在蛋糕上面，捲起，再放入冰箱冷藏1天至定型即可切片。
5. 蛋糕表面用薄荷起司餡點綴，再擺上巧克力片裝飾即可。

ANNIE'S TIPS

◇ 薄荷起司內餡的起司也可以改為馬司卡邦（mascarpone）起司替代，因為奶油起司的質感比較硬，所以一定要充分攪拌後再使用，才會容易塗抹均勻。

雙色蜂蜜蛋糕卷

完成品份量：長 13 公分 4 條
最佳賞味期：冷藏 4 天

INGREDIENT

A
杏仁蛋糕麵糊1份（見p15）
巧克力蛋糕麵糊1份
（見p16）

B
蜂蜜2大匙

RECIPE

1. 準備一個玉子燒鍋，尺寸長15公分、寬13公分。
2. 將杏仁麵糊分別倒入玉子燒鍋，烘烤完成杏仁蛋糕體、巧克力蛋糕體各2片備用。
3. 撕一大張烘焙紙鋪在桌面，放上蛋糕體，在蛋糕表面塗抹蜂蜜，捲起，依序完成所有包捲步驟，再放入冰箱冷藏1天至定型即可切片。

ANNIE'S TIPS

◇ 蜂蜜一向是我家必備的食材，因此很自然地會想要把蜂蜜塗抹在蛋糕體上品嚐，雖然稍甜，但是搭配苦苦的咖啡確實有療癒心情的功效。

◇ 由於這款蛋糕卷較迷你，所以可選擇玉子燒鍋烘烤，外型小巧，入口甜蜜。

Macaroon Cake Roll

戀人馬卡龍蛋糕卷

完成品份量：長 25 公分 1 條
最佳賞味期：冷藏 4 天

INGREDIENT

A

杏仁蛋糕體1個（見p15）

B

臺版草莓馬卡龍4個
煉乳2大匙

C

裝飾用小銀珠2小匙

RECIPE

1. 撕一大張烘焙紙鋪在桌面，放上杏仁蛋糕體。
2. 將草莓馬卡龍整齊擺放在蛋糕上（圖1），捲起（圖2），再放入冰箱冷藏1天至定型。
3. 取出蛋糕卷，淋上煉乳，撒上銀珠裝飾（圖3），依照需要的厚度切片即可（圖4）。

ANNIE'S TIPS

◇ 臺版馬卡龍，又稱為牛力或是小西點，這是伴隨許多人長大的童年記憶，味道不會太甜膩，口感鬆鬆軟軟，可以一口接一口，重點是吃再多也不會有荷包大失血的難過感覺，這就是簡單的快樂吧！

◇ 這款蛋糕是送給心儀對象的最佳表白蛋糕卷，請嘗試看看；牛力可以換成個人喜愛的口味。

1

2

3

4

Strawberry Jelly Cake Roll

草莓優格奶凍卷

完成品份量：長 25 公分 1 條
最佳賞味期：冷藏 2 天

INGREDIENT

A

杏仁蛋糕體1個（見p15）

B

原味優格40公克
六分發原味鮮奶油100公克（見p19）

C

草莓90公克
水210公克
細砂糖20公克
果凍粉7.5公克

D

草莓片適量

RECIPE

1. 準備1個長20公分以內、寬7公分以內的塑膠盒用來製作果凍。
2. 準備1個長25公分，寬7公分的模型固定蛋糕卷。
3. 草莓洗淨後去蒂，和水放入果汁機攪打均勻，用濾網過濾出汁液於鍋中。
4. 細砂糖和果凍粉混合拌勻，倒入作法3中，用網狀攪拌器將材料混合均勻後再開火，邊加熱邊攪拌直到材料沸騰，關火。
5. 將草莓果凍液倒入塑膠盒內降溫，移入冰箱冷藏至凝固，取出切成2份長條備用。
6. 原味優格和原味鮮奶油混合拌勻，即成優格鮮奶油備用。
7. 撕一大張烘焙紙鋪在桌面，放上杏仁蛋糕體，在蛋糕表面塗抹100公克優格鮮奶油，厚薄一致，取1份草莓凍擺放在蛋糕中間，將兩邊蛋糕修除。
8. 將蛋糕連同烘焙紙一起放入模型內，把左右兩邊的蛋糕片往中間黏合，烘焙紙緊緊的收起，幫助蛋糕片黏合，再放入冰箱冷藏1天至定型即可切片。
9. 取出蛋糕卷，表面以剩餘優格鮮奶油、新鮮草莓片裝飾即可。

ANNIE'S TIPS

◇若買不到新鮮草莓，也可以冷凍草莓替代；果凍加上優格鮮奶油餡，酸甜滋味一次入口。

◇這個單元的果凍卷都必須使用兩種模型，第一種是裝填果凍的模型，尺寸可以小一點；另一種是用來固定填入果凍之後的蛋糕卷。這是因為果凍的質感比較軟，如果沒有硬的模型來支撐，很難捲出漂亮的外形。如果你家中沒有模型，建議可以使用手邊現有的素材，例如 946 cc的牛奶紙盒，只要把紙盒洗乾淨，側邊剪開即可使用。

Taro Jelly Cake Roll

芋泥奶凍卷

完成品份量：長 25 公分 1 條
最佳賞味期：冷藏 4 天

INGREDIENT

A

香草蛋糕體1個（見p12）

B

完全打發原味鮮奶油50公克（見p19）

C

芋泥餡200公克
牛奶100公克
細砂糖40公克
吉利丁2片

RECIPE

1 準備1個長20公分以內、寬7公分以內的塑膠盒用來製作果凍。

2 準備1個長25公分，寬7公分的模型品用來固定蛋糕卷備用。

3 芋泥餡、細砂糖和牛奶倒入鍋中，煮到細砂糖融化即可關火。

4 吉利丁浸泡於冷開水中至軟，取出擰乾水分，加入作法3（圖1），攪拌融化，再倒入塑膠盒內降溫（圖2），移入冰箱冷藏至凝固，取出切成2份長條備用。

5 撕一大張烘焙紙鋪在桌面，放上香草蛋糕體，在蛋糕表面塗抹原味鮮奶油，厚薄一致，取1份芋泥奶凍擺放在蛋糕中間，將兩邊蛋糕修除。

6 將蛋糕連同烘焙紙一起放入模型內，把左右兩邊的蛋糕片往中間黏合，烘焙紙緊緊的收起，幫助蛋糕片黏合，再放入冰箱冷藏1天至定型即可切片。

ANNIE'S TIPS

◇自製芋泥餡較衛生，可取1顆芋頭先切成小塊，用電鍋蒸熟，取出後拌入細砂糖和少許椰子油即可，拌入細砂糖的量約為芋頭重量的一半。

◇沒用完的芋頭泥可以分裝成小袋，冷凍保存，待之後使用。

水梨桂花凍卷

成品份量：長 25 公分 1 條
最佳賞味期：冷藏 4 天

Ingredient

A

香草蛋糕體1個（見p12）

B

新鮮水梨片150公克
完全打發原味鮮奶油50公克（見p19）

C

桂花1/2大匙
細砂糖40公克
水250cc
吉利丁4片

Osmanthus Jelly Cake Roll

Recipe

1. 準備1個長20公分以內、寬7公分以內的塑膠盒用來製作果凍。
2. 準備1個長25公分，寬7公分的模型固定蛋糕卷。
3. 桂花、細砂糖和水倒入鍋中加熱，攪拌直到沸騰後關火。
4. 吉利丁浸泡於冷開水中至軟，取出擰乾水分，加入作法3，攪拌融化，再透過濾網倒入塑膠盒內降溫，移入冰箱冷藏至凝固，取出切成2份長條。
5. 水梨去皮、去籽後切厚度1公分的長條狀，浸泡在鹽水內，用廚房紙巾吸乾多餘水分。
6. 撕一大張烘焙紙鋪在桌面，放上蛋糕體，在蛋糕表面塗抹原味鮮奶油，厚薄一致，鋪入水梨片，取1份桂花凍擺放在蛋糕中間，將兩邊蛋糕修除。
7. 將蛋糕連同烘焙紙一起放入模型內，把左右兩邊的蛋糕片往中間黏合，烘焙紙緊緊的收起，幫助蛋糕片黏合，再放入冰箱冷藏1天至定型即可切片。

Annie's Tips

◇ 為防止水梨變色，必須浸泡在鹽水內，利用廚房紙巾吸乾多餘的水分再鋪於蛋糕體上。

◇ 這款蛋糕有淡淡的花香，非常有春天的味道，內餡中使用的新鮮水梨也可以改用蜜漬水梨替代。

葡萄水晶凍卷

成品份量：長 25 公分 1 條
最佳賞味期：冷藏 4 天

INGREDIENT

A

巧克力蛋糕體1個（見p14）

B

完全打發香草鮮奶油100公克（見p19）

C

新鮮葡萄汁300cc
果凍粉7.5公克
葡萄5顆

RECIPE

1. 準備1個長20公分以內、寬7公分以內的塑膠盒用來製作果凍。
2. 準備1個長25公分，寬7公分的模型用來固定蛋糕卷備用。
3. 葡萄去皮、去籽後切半。
4. 葡萄汁倒入鍋中，加入果凍粉，用網狀攪拌器將材料混合均勻後再開火，邊加熱邊攪拌直到材料沸騰，關火。
5. 將葡萄果凍液倒入塑膠盒內，均勻放入葡萄片待降溫，移入冰箱冷藏至凝固，取出切成2份長條。
6. 撕一大張烘焙紙鋪在桌面，放上香草蛋糕體，在蛋糕表面塗抹香草鮮奶油，厚薄一致，取1份葡萄凍擺放在蛋糕中間，將兩邊蛋糕修除。
7. 將蛋糕連同烘焙紙一起放入模型內，把左右兩邊的蛋糕片往中間黏合，烘焙紙緊緊的收起，幫助蛋糕片黏合，再放入冰箱冷藏1天至定型即可切片。

ANNIE'S TIPS

◇ 葡萄果凍液中加入葡萄片，可以增加口感。

Hazelnuts Coffee Jelly Cake Roll

榛果咖啡奶凍卷

完成品份量：長 25 公分 1 條
最佳賞味期：冷藏 4 天

INGREDIENT

A

香草蛋糕體1個（見p12）

B

完全打發原味鮮奶油50公克（見p19）
榛果咖啡410cc
細砂糖40公克
吉利丁4片

RECIPE

1. 準備1個長20公分以內、寬7公分以內的塑膠盒用來製作果凍。
2. 準備1個長25公分，寬7公分的模型用來固定蛋糕卷備用。
3. 細砂糖混合榛果咖啡，加熱攪拌至糖融化即關火。
4. 吉利丁浸泡於冷開水中至軟，取出擰乾水分，加入作法3，攪拌融化（圖1），再透過濾網倒入塑膠盒內降溫（圖2），移入冰箱冷藏至凝固，取出切成2份長條。
5. 撕一大張烘焙紙鋪在桌面，放上香草蛋糕體，在蛋糕表面塗抹原味鮮奶油，厚薄一致，取1份咖啡奶凍擺放在蛋糕中間，將兩邊蛋糕修除（圖3）。
6. 將蛋糕連同烘焙紙一起放入模型內，把左右兩邊的蛋糕片往中間黏合（圖4），烘焙紙緊緊的收起，幫助蛋糕片黏合，再放入冰箱冷藏1天至定型即可切片。

ANNIE'S TIPS

◇這款果凍如果改用果凍粉，則是 300 cc咖啡搭配 7.5 公克蒟蒻果凍粉，果凍粉內先加入 1 大匙細砂糖攪拌，接著倒入咖啡液中攪拌，再開火加熱直到沸騰。詳細製作方式可以參考草莓果凍（p37）、葡萄果凍（p41）的作法。

1

2

3

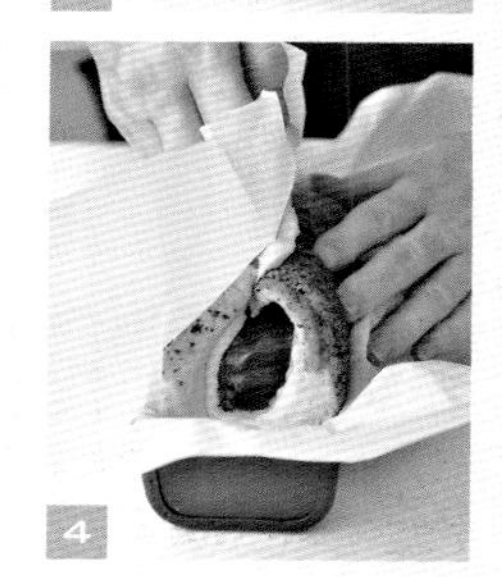

4

Fresh Fruit Cake Roll

鮮果奶露蛋糕卷

完成品份量：長 25 公分 1 條
最佳賞味期：冷藏 2 天

INGREDIENT

A

香草蛋糕體1個（見p12）

B

蛋黃1個
細砂糖10公克
玉米粉10公克
牛奶100cc
香草精1/2小匙

C

奇異果50公克
鳳梨50公克
草莓50公克
小藍莓35公克

D

防潮糖粉適量
草莓片適量
小藍莓適量

RECIPE

1 蛋黃、細砂糖混合攪拌到顏色變淡，玉米粉過篩後加入混合拌勻，即為蛋黃麵糊。

2 牛奶和香草精倒入鍋中後拌勻，以小火加熱至冒煙，關火。

3 將牛奶倒入蛋黃麵糊中混合拌勻，再倒回鍋中，以小火加熱，邊加熱邊攪拌，直到沸騰濃稠即為卡士達醬，關火。

4 將卡士達醬隔著冰水降溫，再移入冰箱冷藏，冷藏後的卡士達醬會變得更濃稠。

5 材料C的奇異果、鳳梨分別切小片；草莓洗淨，去蒂後切片，水果片都排放在廚房紙巾上吸乾水分。

6 撕一大張烘焙紙鋪在桌面，放上香草蛋糕體，在蛋糕表面塗抹已拌勻的100公克卡士達醬（圖1）。

7 將水果片、小藍莓擺放在蛋糕中間（圖2），捲起（圖3），再放入冰箱冷藏1天至定型。

8 取出蛋糕卷，均勻篩上防潮糖粉，以草莓片、小藍莓裝飾即可。

1

2

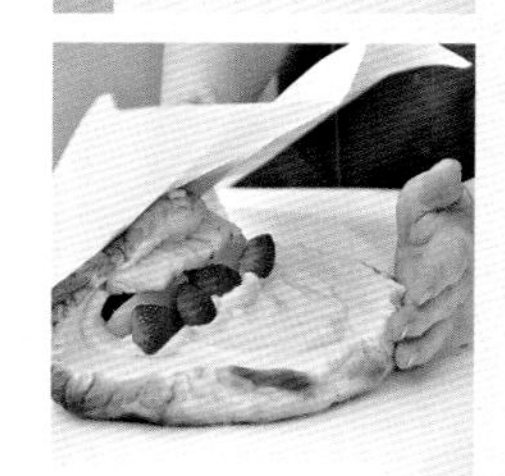

3

ANNIE'S TIPS

◇卡士達醬又稱奶露，是糕點不可或缺的重要醬料，搭配蛋糕、麵包或是薄餅都很適合，也可以用來當作吐司的抹醬。

Plum & Yokan Cake Roll

紀州梅慕斯蛋糕卷

完成品份量：長 25 公分 1 條
最佳賞味期：冷藏 4 天

INGREDIENT

A

抹茶蛋糕體1個（見p17）

B

紀州梅果醬65公克
六分發原味鮮奶油135公克（見p19）

C

羊羹75公克

RECIPE

1. 紀州梅果醬和原味鮮奶油混合拌勻，即成梅果醬鮮奶油（圖1）。
2. 撕一大張烘焙紙鋪在桌面，放上抹茶蛋糕體，在蛋糕表面塗抹已拌勻的梅果醬鮮奶油。
3. 將羊羹擺放在蛋糕中間，捲起（圖2、3），再放入冰箱冷藏1天至定型即可切片。

1

2

3

ANNIE'S TIPS

◇梅子果醬在製作前先用網狀攪拌器略微攪拌軟化，鮮奶油則一點一點分次加入，會比較容易拌得均勻。

◇個人非常喜歡梅子與羊羹的組合，因為梅子的酸可以化解羊羹的甜，再搭上入口軟綿的蛋糕，這款點心很適合配一壺清香的綠茶細細品嚐。

Chocolate & Brandy Cake Roll

酒香雙倍巧克力蛋糕卷

完成品份量：長 25 公分 1 條
最佳賞味期：冷藏 4 天

INGREDIENT

A

巧克力蛋糕體1個（見p14）

B

完全打發原味鮮奶油100公克（見p19）
市售薄片巧克力6片

C

苦甜巧克力50公克
動物性鮮奶油50公克
白蘭地5cc
焦糖醬50公克

D

苦甜巧克力30公克

RECIPE

1. 薄片巧克力片切小片備用。
2. 材料C的苦甜巧克力切碎，放入容器，備用。
3. 動物性鮮奶油倒入鍋中，以小火煮沸，關火，倒入作法2中攪拌至融化，加入白蘭地拌勻，最後加入焦糖醬拌勻即成焦糖巧克力醬。
4. 撕一大張烘焙紙鋪在桌面，放上巧克力蛋糕體，在蛋糕表面塗抹打發原味鮮奶油。
5. 將巧克力片擺放在蛋糕中間（圖1），捲起（圖2），再放入冰箱冷藏1天至定型。
6. 取出蛋糕卷，表面抹上焦糖巧克力醬（圖3），再用刨刀將苦甜巧克力刨成細絲，撒在蛋糕表面即可（圖4）。

ANNIE'S TIPS

◇ 焦糖醬的材料與作法請參考焦糖咖啡年輪蛋糕 p81。

◇ 捲入蛋糕體使用的薄片巧克力也可以直接以苦甜巧克力來製作，只要將苦甜巧克力切碎即可，份量大約 35 公克。

◇ 這款蛋糕卷的內餡和表面裝飾皆使用巧克力，同時含有白蘭地的濃郁香氣，是大人小孩都愛的風味。

1

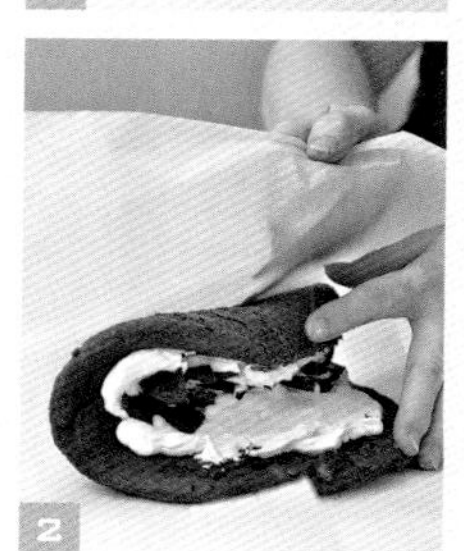
2

3

4

焦糖奶油蛋糕卷

成品份量：長 25 公分 1 條
最佳賞味期：冷藏 4 天

INGREDIENT

A

香草蛋糕體1個（見p12）

B

細砂糖210公克
無鹽奶油85公克
動物鮮奶油120公克
六分發香草鮮奶油100公克（見p19）

C

裝飾用巧克力豆適量

RECIPE

1 細砂糖放入不沾鍋，以小火煮到呈琥珀色，關火。

2 將奶油加入作法1混合拌勻至融化，倒入鮮奶油，再次開啟小火，煮到沸騰後關火，即為焦糖抹醬。

3 將焦糖抹醬倒入乾淨的容器，靜置冷卻，再移入冰箱冷藏，冷藏後的醬料會變得更黏稠。

4 取出焦糖抹醬回溫，加入香草鮮奶油混合拌勻，即成焦糖鮮奶油。

5 撕一大張烘焙紙鋪在桌面，放上香草蛋糕體。

6 在蛋糕表面塗抹已拌勻的焦糖鮮奶油，捲起，再放入冰箱冷藏1天至定型。

7 取出蛋糕卷，蛋糕表面用巧克力豆裝飾即可。

ANNIE'S TIPS

◇ 煮焦糖時不能離開爐火邊，以免焦糖煮過頭變得太苦，且不能搖晃鍋子，可避免焦糖結晶。

◇ 這一款焦糖抹醬的細砂糖份量較多，建議使用寬口的平底鍋或湯鍋來製作，增加細砂糖接觸熱的面積，這樣會使得砂糖焦化的速度較平均。

◇ 從冰箱取出的焦糖醬只要放置在廚房溫暖處，很快就會恢復抹醬的狀態，千萬不可以再次加熱或是過度攪拌，以免變質。

地瓜巧克力慕斯卷

成品份量：長 25 公分 1 條
最佳賞味期：冷藏 2 天

INGREDIENT

A

巧克力蛋糕體1個（見p14）

B

熟紅皮黃心地瓜125公克
完全打發原味鮮奶油125公克（見p19）

RECIPE

1 撕一大張烘焙紙鋪在桌面，放上巧克力蛋糕體，在蛋糕表面塗抹打發原味鮮奶油。

2 將熟紅皮黃心地瓜擺放在蛋糕中間，捲起，再放入冰箱冷藏1天至定型即可切片。

Sweet Potato Cake Roll

ANNIE'S TIPS

◇ 請選購體型瘦長且筆直的紅皮黃心地瓜，放入電鍋蒸熟後需降溫再捲入蛋糕體。

Sweet Heart Cake Roll

ANNIE'S TIPS

這款蛋糕是個意想不到的變化版，兩片蛋糕竟然彎折出愛心的形狀，而且作法一點也不難。

可先用保鮮膜封好緊貼於拌好的檸檬卡士達醬表面，放一旁等待降溫。

INGREDIENT

A

蛋黃3個
細砂糖15公克

B

植物油18公克
柳橙汁36公克

C

低筋麵粉45公克
泡打粉1/4小匙
柳橙皮屑1/2顆

D

蛋白3個
細砂糖40公克

E

蛋黃2個
細砂糖15公克
低筋麵粉10公克
玉米粉5公克
牛奶100cc
水50cc
檸檬汁25cc
檸檬皮屑1/2顆
六分發原味鮮奶油100公克（見p19）

F

完全打發原味鮮奶油100公克（見p19）
防潮糖粉適量
柳橙皮屑適量
柳橙片1顆
紅醋栗適量

愛戀甜心蛋糕

完成品份量：1 份
最佳賞味期：冷藏 2 天

RECIPE

1 材料E蛋黃和細砂糖放入攪拌盆，用網狀攪拌器攪打到濃稠且顏色變淡，低筋麵粉和玉米粉混合過篩後加入拌勻即為蛋黃麵糊備用。

2 牛奶和水倒入鍋中，以小火煮到沸騰，關火，再慢慢倒入蛋黃麵糊中拌勻，再倒回鍋中，以小火加熱，邊加熱邊用打蛋器刮底攪拌，直到材料變濃稠且沸騰，關火。

3 最後加入檸檬汁和檸檬皮屑拌勻，即成檸檬卡士達醬，蓋上保鮮膜後放置一旁降溫。

4 材料A放入攪拌盆中，用網狀攪拌器攪打到濃稠且顏色變淡。

5 慢慢加入材料B，邊加入邊攪拌至均勻，低筋麵粉和泡打粉混合過篩後加入攪打均勻，加入柳橙皮屑拌勻即為蛋黃麵糊。

6 材料D的蛋白放入乾淨的攪拌盆，用網狀攪拌器打到出現粗粒泡沫，分兩次加入細砂糖繼續打到呈硬性發泡，蛋白倒勾挺立狀態備用。

7 將蛋白分次加入蛋黃麵糊中，用橡皮刮刀小心混合拌勻即成麵糊。

8 平底鍋的鍋邊刷上少許沙拉油（或奶油），鍋底鋪上鋁箔紙。

9 將麵糊倒入平底鍋中，蓋上鍋蓋，以小火加熱約12分鐘，立即關火續燜10分鐘，取出降溫後撕除鋁箔紙備用。（可參考基礎蛋糕體操作方式見p13）。

10 擠花袋內裝入小的星形擠花嘴。取40公克檸檬卡士達醬和六分發原味鮮奶油拌勻，再盛入擠花袋中冷藏備用。

11 烤好的蛋糕從中間切半成兩片，每一片再切半，成為2條長、2條短的長形蛋糕片。

12 將完全打發鮮奶油塗抹在2條長的蛋糕片上面，接著各擺上2片柳橙片（圖1），捲起（圖2），再放入冰箱冷藏1天至定型。

13 另外2條短的蛋糕片不用塗抹鮮奶油，直接繞成心形，並以牙籤固定（圖3）。

14 取一片作法12的蛋糕卷以切口朝上的方式放在心形蛋糕片裡（圖4），蛋糕表面擠上檸檬卡士達醬（圖5），均勻篩上防潮糖粉、柳橙皮屑，並以紅醋栗裝飾，剩餘柳橙片擺在蛋糕旁邊即可。

1

2

3

4

5

ANNIE'S TIPS

◇ 若沒有剩餘蛋糕卷切邊，可以完整的兩條蛋糕卷，切成厚度 1 公分片狀使用。

◇ 利用切邊剩餘的蛋糕就可以拼湊出豐富的立體造型，這款蛋糕很適合親子一起動手製作。如果對於製作慕斯比較沒有把握，也可以改用愛戀甜心蛋糕的檸檬卡士達醬（見 p53）來取代慕斯。

Pomelo Mousse Cake Roll

柚子奶油慕斯蛋糕

完成品份量：1 份
最佳賞味期：冷藏 2 天

INGREDIENT

A
蛋糕卷兩端切下的部分適量
草莓3顆

B
柚子醬100公克
細砂糖50公克
檸檬汁1/2大匙

C
蛋黃1個
細砂糖15公克
牛奶75cc
吉利丁2片
六分發原味鮮奶油100公克（見p19）

D
防潮糖粉適量
夏威夷果適量
彩色巧克力米適量

RECIPE

1 準備1個直徑約18公分的湯碗1個，鋪入一大張保鮮膜，尺寸要比湯碗大；草莓洗淨，去蒂頭，擦乾水分後切薄片，備用。

2 材料B的柚子醬和細砂糖放入鍋中，以小火煮到糖融化且沸騰，再續煮2分鐘之後關火，加入檸檬汁拌匀，放一旁等待降溫。

1

2

3

4

3 材料C的蛋黃、細砂糖放入攪拌盆，用打蛋器打到體積略膨脹且顏色變淡。

4 牛奶加熱到即將沸騰，再倒入作法3中混合拌匀，再倒回鍋中加熱，邊加熱邊刮底攪拌，直到材料沸騰且濃稠，關火，加入作法2的柚子醬攪拌均匀。

5 吉利丁浸泡於冷開水中至軟，取出擰乾水分，加入作法4，攪拌融化。準備冰水讓盆子底部浸泡在冰水中，邊攪拌邊降溫。

6 再加入六分發原味鮮奶油混合拌匀，即成柚子奶油慕斯。

7 將蛋糕卷兩端切下的部分鋪排於湯碗底，排得緊密些（圖1），倒入3大匙柚子奶油慕斯在蛋糕片上，鋪上草莓片（圖2）。

8 接著倒入剩餘的柚子奶油慕斯，抹平，最後鋪上剩餘蛋糕片（圖3），並用保鮮膜緊緊包覆，放入冰箱冷凍凝固。

9 取出盛蛋糕的湯碗脫模，準備1個盤子蓋住碗口，另一支手拖住碗，翻轉，撕除保鮮膜（圖4）。

10 在蛋糕表面篩上防潮糖粉，以夏威夷果和彩色巧克力米裝飾即可。

古早味鹹蛋糕卷

成品份量：長 25 公分 1 條
最佳賞味期：冷藏 2 天

INGREDIENT

A
蛋黃3個
細砂糖15公克
鹽1小匙
白胡椒粉1小匙

B
植物油18公克
牛奶36公克

C
低筋麵粉45公克
泡打粉1/4小匙
油蔥酥1/2小匙

D
蛋白3個
細砂糖30公克

E
美乃滋2大匙
肉鬆35公克

Taiwanese Meat Sauce Cake Roll

RECIPE

1. 材料A放入攪拌盆中，用網狀攪拌器攪打到濃稠且顏色變淡。
2. 慢慢加入材料B，邊加入邊攪拌至均勻，低筋麵粉和泡打粉混合過篩後加入攪打均勻，加入油蔥酥拌勻即為蛋黃麵糊。
3. 材料D的蛋白放入乾淨的攪拌盆，用網狀攪拌器打到出現粗粒泡沫，分兩次加入細砂糖繼續打到蛋白呈倒勾挺立狀態。
4. 將蛋白分次加入蛋黃麵糊中，用橡皮刮刀小心混合拌勻即成麵糊。
5. 平底鍋的鍋邊刷上少許沙拉油（或奶油），鍋底鋪上鋁箔紙。
6. 將麵糊倒入平底鍋中，蓋上鍋蓋，以小火加熱約12分鐘，立即關火續燜10分鐘，取出降溫後撕除鋁箔紙備用。可參考基礎蛋糕體操作方式見p12。
7. 撕一大張烘焙紙鋪在桌面，放上烤好的蛋糕體，在蛋糕表面塗抹一層美乃滋，鋪上肉鬆，捲起，再放入冰箱冷藏1天至定型即可切片。

ANNIE'S TIPS

◇ 這款蛋糕所使用的油蔥酥是呈現乾的狀態，而非油蔥醬；油蔥酥可以在傳統市場購買，建議平時應冷藏或冷凍保存，以免油脂產生變化而變質。

起司馬鈴薯蛋糕卷

成品份量：長 25 公分 1 條
最佳賞味期：冷藏 2 天

INGREDIENT

A

杏仁蛋糕體1個（見p15）

B

馬鈴薯200公克
鹽1/4小匙
黑胡椒粉1/4小匙
馬芝拉起司35公克
美乃滋1大匙
芥末籽醬1小匙

RECIPE

1. 馬鈴薯去皮後切小塊，放入滾水中煮到軟化，取出瀝乾水分。
2. 將馬鈴薯塊、鹽、黑胡椒粉放入攪拌盆中，混合拌匀，加入馬芝拉起司、美乃滋和芥末籽醬攪拌均匀，即成馬鈴薯餡。
3. 撕一大張烘焙紙鋪在桌面，放上杏仁蛋糕體，在蛋糕表面塗抹馬鈴薯餡，捲起，再放入冰箱冷藏1天至定型即可切片。

Mash Potato & Cheese Cake Roll

ANNIE'S TIPS

◇ 芥末籽醬（mustard）就是英式或是法式芥末醬，口味與日式的芥末醬不同。英式和法式的芥末醬呈現偏黃的色澤，並且分成有帶籽的和純粹無籽的種類，如果你沒有特別喜好這款味道，可以省略不需添加。

◇ 杏仁蛋糕體搭配芥末起司馬鈴薯泥，讓甜點變身成為鹹點，是另一種蛋糕卷新吃法。

Birthday Cake

生日快樂慶生卷

完成品份量：1 份
最佳賞味期：冷藏 4 天

INGREDIENT

A

香草蛋糕體1個（見p12）

B

完全打發香草鮮奶油300公克（見p19）

C

草莓適量
鳳梨適量
小藍莓適量
奇異果適量
綠皮開心果仁100公克

RECIPE

1. 綠皮開心果仁磨成細粉。
2. 將烤好的蛋糕從中間切半成兩片，每一片再切半，成為2條長、2條短的長形蛋糕片。
3. 將完全打發鮮奶油塗抹在4條蛋糕片上面，分別捲起（圖1），用鋁箔紙包裹蛋糕外圍並固定（圖2、3），再放入冰箱冷藏1天至定型。
4. 取出定型的蛋糕卷，周圍和表面都塗抹打發鮮奶油，大片蛋糕卷放在盤子上，底部鋪上開心果仁粉（圖4）。
5. 小片蛋糕卷疊在大蛋糕卷上面（圖5），將鮮奶油放入擠花袋，在蛋糕表面隨意擠花，最後以新鮮水果裝飾即可。

ANNIE'S TIPS

◇ 通常我會使用家用咖啡研磨機將核果磨碎，如果家中沒有此種類型的機器，只要將開心果仁放在塑膠袋內，輕輕用桿麵棍敲碎即可。

◇ 裝飾蛋糕的水果種類可以根據個人及家人需要挑選，或選擇當季盛產水果更棒。

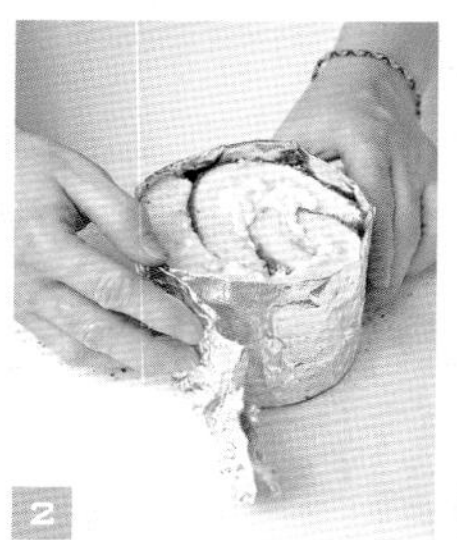

一層又一層的鋪塗、燒烤、捲起，

代表生生不息的繁衍、新生命的不斷誕生。

每當切開年輪蛋糕的剖面，

都會被一層又一層的紋路給吸引，

如同欣賞古董藝品般的情調，

細細玩味著。

Part2

蛋糕之王。年輪蛋糕
Baumkuchen

Cinnamon Banana Baumkuchen

肉桂香蕉年輪蛋糕

完成品份量：直徑 6 公分、長 15 公分 1 條
煎烤火候 / 時間：小火 / 10 分鐘
最佳賞味期：室溫半天 / 冷藏 2 天

INGREDIENT

A
全蛋2個
細砂糖45公克

B
植物油15公克
果糖25公克
牛奶45公克

C
低筋麵粉90公克
玉米粉10公克
泡打粉1/2小匙
肉桂粉1/4小匙

D
去皮香蕉2小段
杏仁片1大匙

1

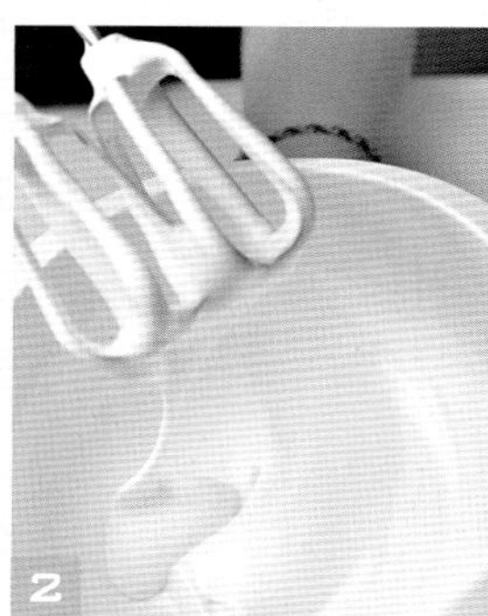
2

3

RECIPE

1. 全蛋打入攪拌盆，加入細砂糖，用電動攪拌器快速打到起泡，當蛋打散且出現粗粒泡沫狀的時候，將電動攪拌器轉中速，慢慢打到蛋液體積膨脹且顏色變淡，拿起攪拌器時，麵糊會像緞帶一般垂落，且垂落的麵糊形狀會維持住，不會迅速消失即可（圖1、2）。

2. 液體材料B先混合拌勻，分次加入攪拌盆，用攪拌器慢速拌勻（圖3）。

ANNIE'S TIPS

◇ 如果想要將所有的麵糊做成一個年輪蛋糕，從第 6 片開始的麵糊面積必須加大，也就是麵糊寬度不變，但是長度變得更長，這樣才足夠包覆越來越大的蛋糕體，製作完成的蛋糕切面會比較好看。因此如果有計劃這麼做，一開始的第一片蛋糕體的面積可以做小一點，或是選擇鍋面較大的鍋具，類似插電式的燒烤鍋就很適合。

◇ 均勻分布的小火最能夠將蛋糕片成功製作完成，鍋子如果太熱，麵糊一倒入鍋中就因為受熱定型而無法開展成理想的長型，因此製作平底鍋年輪蛋糕的重點還必須包括十足的耐心，而且一旦發現鍋子太熱就要立即關火降溫，等到鍋面降溫以後再繼續製作，將減少手忙腳亂而導致失敗。

◇ 每次煎一片蛋糕之前都要薄塗一層油脂，以防沾黏。

◇ 建議不要使用過熟的香蕉，否則香蕉軸心會因為加熱的關係，而變得更加軟爛。

◇ 因為夾餡使用新鮮水果的關係，所以保存期限至多兩天。

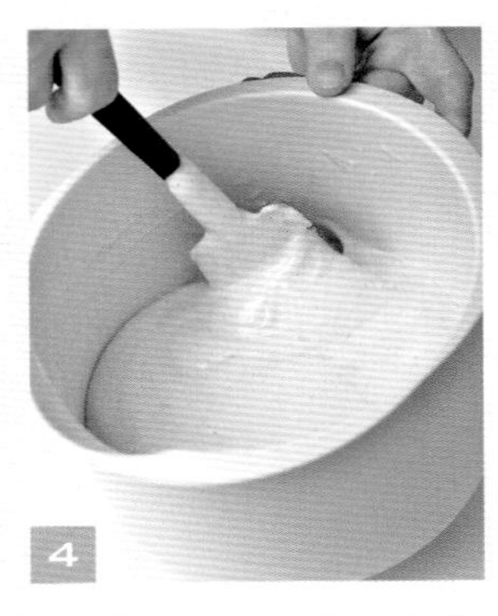
4

3 將材料C所有粉類過篩，加入攪拌盆中，用1支網狀攪拌器輕輕沿著盆邊繞圓圈方式攪拌均勻，用橡皮刮刀將盆邊仔細刮勻，確認沒有未攪散的麵糊，即為牛奶麵糊（圖4）。

4 在平底鍋刷上一層油後預熱，舀2大匙麵糊在平底鍋中間，提起鍋把讓鍋子傾斜，使麵糊自動流下展開成寬8公分、長15公分的長形麵糊，打開火源以最小火開始煎，麵糊表面會出現許多氣孔，蓋上鍋蓋（圖5、6、7、8）。

5

6

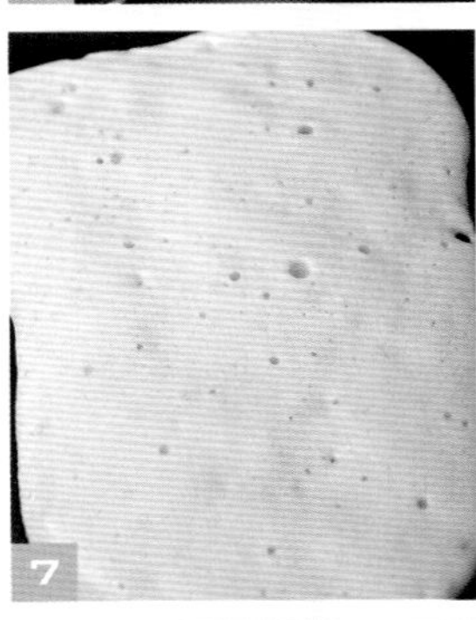
7

8

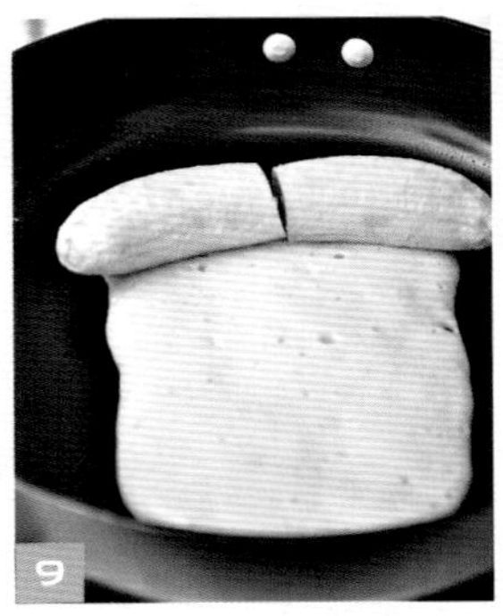
9

10

11

5 當麵糊表面開始變乾，放上去皮香蕉（或已抹一層油的捲軸），捲軸放在靠近自己這端或是較遠端皆可，戴上耐熱手套，利用捲軸的輔助將第1片蛋糕捲起，用手按住接口使蛋糕固定，關火，蓋上鍋蓋等約2分鐘（圖9、10、11）。

6 接著製作第2片蛋糕，一樣舀2大匙麵糊在平底鍋中間，提起鍋把讓鍋子傾斜，使麵糊展開成長形，打開火源以最小火開始煎，當煎到麵糊表面出現許多氣孔時，將第一片蛋糕以接口面朝下的方式鋪上，當麵糊表面開始變乾時快速捲起，關火，蓋上鍋蓋，等待約2分鐘之後再取出（圖12、13）。

7 準備繼續製作下一片，接下來的動作都一樣，直到準備舀入最後一勺麵糊之前，將杏仁片平均撒在鍋面，再舀入麵糊蓋過杏仁片，慢慢捲起。可依個人需要決定年輪蛋糕片數，但建議每一條成品約需要製作5片蛋糕捲起為宜（圖14、15）。

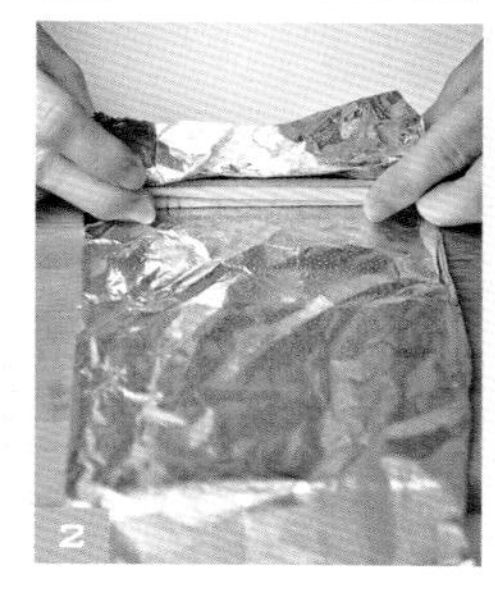

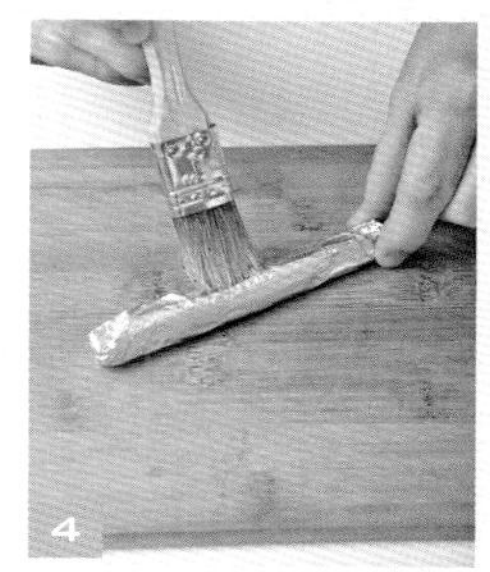

1 準備兩雙竹筷子，切半（圖1）。

2 將筷子疊起，再以鋁箔紙包裹住，長度從12～15公分皆可（圖2、3）。

3 在表面用毛刷塗上足量的油脂，防止沾黏（圖4）。

藍莓牛奶年輪蛋糕

完成品份量：直徑 6 公分、長 12 公分 1 條
煎烤火候 / 時間：小火 / 10 分鐘
最佳賞味期：室溫半天 / 冷藏 2 天

Blueberry Milk Baumkuchen

INGREDIENT

A
全蛋2個
細砂糖45公克

B
植物油15公克
果糖25公克
牛奶45公克

C
低筋麵粉90公克
玉米粉10公克
泡打粉1/2小匙

D
藍莓120公克

RECIPE

1 藍莓搗碎備用。

2 全蛋打入攪拌盆，加入細砂糖，打到粗粒泡沫狀時，轉中速，慢慢打到蛋液體積膨脹且顏色變淡。

3 材料B先混合拌勻，分次慢慢加入攪拌盆，以慢速拌勻。

4 材料C所有粉類過篩，加入攪拌盆中拌勻，即為牛奶麵糊。

5 在平底鍋刷上一層油後預熱，舀2大匙麵糊在平底鍋中間，提起鍋把傾斜使麵糊自動流下展開成寬6公分、長12公分的長形麵糊，以最小火開始煎，麵糊表面會出現許多氣孔，蓋上鍋蓋。

6 當麵糊表面開始變乾，放上已抹一層油的捲軸，利用捲軸的輔助將第1片蛋糕捲起，用手按住接口使蛋糕固定，關火，蓋上鍋蓋等約2分鐘。

7 接著製作第2片蛋糕，舀2大匙麵糊在平底鍋中間，提起鍋把傾斜，使麵糊展開成長形，以最小火開始煎，鋪上藍莓碎，當麵糊表面出現許多氣孔時，將第一片蛋糕以接口面朝下的方式鋪上，當麵糊開始變乾時快速捲起，關火，蓋上鍋蓋，等待約2分鐘之後再取出。

8 繼續製作下一片，接下來的動作都一樣，可依個人需要決定年輪蛋糕片數。

ANNIE'S TIPS

◇ 鋪上藍莓的時候動作務必輕柔，不要用力擠壓，以免藍莓粒接觸鍋面，蛋糕片會黏鍋而導致破裂。

◇ 因為夾餡使用新鮮水果的關係，所以保存期限會縮短至2天。

珍珠軟糖年輪蛋糕

完成品份量：直徑6公分、長12公分1條
煎烤火候／時間：小火／10分鐘
最佳賞味期：室溫1天／冷藏4天

ANNIE'S TIPS

◇ 我是用便利商店都可以買得到的軟糖，撕開包裝後直接以竹籤串起。

◇ 軟糖遇熱容易軟化，甚至融化，所以製作之前放入冰箱冷凍，捲製時的動作務必快速。

INGREDIENT

A

全蛋2個
細砂糖45公克

B

植物油15公克
果糖25公克
牛奶45公克

C

低筋麵粉90公克
玉米粉10公克
泡打粉1/2小匙

D

市售水果軟糖1條

RECIPE

1. 取1支竹籤將水果軟糖串起當捲軸。
2. 全蛋打入攪拌盆，加入細砂糖，打到粗粒泡沫狀時，轉中速，慢慢打到蛋液體積膨脹且顏色變淡。
3. 材料B先混合拌勻，分次慢慢加入攪拌盆，以慢速拌勻。
4. 材料C所有粉類過篩，加入攪拌盆中拌勻，即為牛奶麵糊。
5. 在平底鍋刷上一層油後預熱，舀2大匙麵糊在平底鍋中間，提起鍋把傾斜使麵糊自動流下展開成寬6公分、長12公分的長形麵糊，以最小火開始煎，麵糊表面會出現許多氣孔，蓋上鍋蓋。
6. 當麵糊表面開始變乾，放上水果軟糖串當作捲軸，利用捲軸的輔助將第1片蛋糕捲起，用手按住接口使蛋糕固定，關火，蓋上鍋蓋等約2分鐘。
7. 接著製作第2片蛋糕，舀2大匙麵糊在平底鍋中間，提起鍋把傾斜，使麵糊展開成長形，以最小火開始煎，當麵糊表面出現許多氣孔時，將第一片蛋糕以接口面朝下的方式鋪上，當麵糊開始變乾時快速捲起，關火，蓋上鍋蓋，等待約2分鐘之後再取出。
8. 繼續製作下一片，接下來的動作都一樣，可依個人需要決定年輪蛋糕片數。

Brown Sugar & Machi Baumkuchen

黑糖麻糬年輪蛋糕

完成品份量：直徑 6 公分、長 15 公分 1 條
煎烤火候 / 時間：小火 / 10 分鐘
最佳賞味期：室溫 1 天 / 冷藏 4 天

INGREDIENT

A
全蛋2個
細砂糖45公克

B
植物油15公克
黑糖漿25公克
無糖豆漿45公克

C
低筋麵粉90公克
玉米粉10公克
泡打粉1/2小匙

D
原味麻糬1條（25公克）
黑糖粉2大匙

RECIPE

1. 原味麻糬修成長度為6公分條狀備用。
2. 全蛋打入攪拌盆，加入細砂糖，打到粗粒泡沫狀時，轉中速，慢慢打到蛋液體積膨脹且顏色變淡。
3. 材料B先混合拌勻，分次慢慢加入攪拌盆，以慢速拌勻。
4. 材料C所有粉類過篩，加入攪拌盆中拌勻，即為豆奶麵糊。
5. 在平底鍋刷上一層油後預熱，舀2大匙麵糊在平底鍋中間，提起鍋把傾斜使麵糊自動流下展開成寬6公分、長15公分的長形麵糊，以最小火開始煎，麵糊表面會出現許多氣孔，蓋上鍋蓋。
6. 當麵糊表面開始變乾，放上麻糬當作捲軸（圖1），利用捲軸的輔助將第1片蛋糕捲起，用手按住接口使蛋糕固定（圖2），關火，蓋上鍋蓋等約2分鐘。
7. 接著製作第2片蛋糕，舀2大匙麵糊在平底鍋中間，提起鍋把傾斜，使麵糊展開成長形，以最小火開始煎，當麵糊表面出現許多氣孔時，將第一片蛋糕以接口面朝下的方式鋪上，當麵糊開始變乾時快速捲起，關火，蓋上鍋蓋，等待約2分鐘之後再取出。
8. 繼續製作下一片，接下來的動作都一樣，可依個人需要決定年輪蛋糕片數，趁蛋糕尚有餘溫時裹上黑糖粉（圖3）。

1

2

3

ANNIE'S TIPS

◇ 所使用的麻糬是原味的糯米麻糬，整塊放入冰箱冷凍之後再切割成需要的尺寸。

◇ 品嚐這款蛋糕時，建議可放入電鍋，以1/4杯水加熱，麻糬變軟以後會更好吃。

亞麻子黃豆粉年輪蛋糕

完成品份量：直徑 6 公分、長 15 公分 1 條
煎烤火候 / 時間：小火 / 10 分鐘
最佳賞味期：室溫 1 天 / 冷藏 4 天

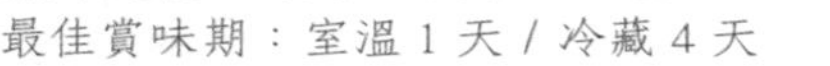

Ingredient

A
全蛋2個
細砂糖45公克

B
植物油15公克
果糖25公克
無糖豆漿45公克

C
低筋麵粉90公克
玉米粉10公克
泡打粉1/2小匙

D
黃豆粉2大匙
亞麻子15公克
吉利丁4片

Recipe

1. 將黃豆粉放入平底鍋，用小火炒熟，顏色會變深且香氣散出，再倒在盤子上等待降溫。
2. 全蛋打入攪拌盆，加入細砂糖，打到粗粒泡沫狀時，轉中速，慢慢打到蛋液體積膨脹且顏色變淡。
3. 材料B先混合拌勻，分次慢慢加入攪拌盆，以慢速拌勻。
4. 材料C所有粉類過篩，加入攪拌盆中拌勻，加入亞麻子拌勻即為豆奶麵糊。
5. 在平底鍋刷上一層油後預熱，舀2大匙麵糊在平底鍋中間，提起鍋把傾斜使麵糊自動流下展開成寬6公分、長15公分的長形麵糊，以最小火開始煎，麵糊表面會出現許多氣孔，蓋上鍋蓋。
6. 當麵糊表面開始變乾，放上已抹一層油的捲軸，利用捲軸的輔助將第1片蛋糕捲起，用手按住接口使蛋糕固定，關火，蓋上鍋蓋等約2分鐘。
7. 接著製作第2片蛋糕，舀2大匙麵糊在平底鍋中間，提起鍋把傾斜，使麵糊展開成長形，以最小火開始煎，當麵糊表面出現許多氣孔時，將第一片蛋糕以接口面朝下的方式鋪上，當麵糊開始變乾時快速捲起，關火，蓋上鍋蓋，等待約2分鐘之後再取出。
8. 繼續製作下一片，接下來的動作都一樣，可依個人需要決定年輪蛋糕片數，蛋糕趁熱表面裹上黃豆粉即可。

芝麻豆奶年輪蛋糕

完成品份量：直徑6公分、長12公分1條
煎烤火候／時間：小火／ 10分鐘
最佳賞味期：室溫1天／冷藏4天

ANNIE'S TIPS

◇ 芝麻是富含油脂的種子類食材，平常需要放置在冰箱冷藏保存，以免變質。

INGREDIENT

A

全蛋2個
細砂糖45公克

B

植物油15公克
果糖25公克
無糖豆漿45公克

C

低筋麵粉75公克
黑芝麻粉15公克
玉米粉10公克
泡打粉1/2小匙

D

白芝麻粒1大匙

Sesame Soy Bean Milk Baumkuchen

RECIPE

1. 全蛋打入攪拌盆，加入細砂糖，打到粗粒泡沫狀時，轉中速，慢慢打到蛋液體積膨脹且顏色變淡。
2. 材料B先混合拌勻，分次慢慢加入攪拌盆，以慢速拌勻。
3. 材料C所有粉類過篩，加入攪拌盆中拌勻，即為豆奶麵糊。
4. 在平底鍋刷上一層油後預熱，舀2大匙麵糊在平底鍋中間，提起鍋把傾斜使麵糊自動流下展開成寬6公分、長12公分的長形麵糊，以最小火開始煎，麵糊表面會出現許多氣孔，蓋上鍋蓋。
5. 當麵糊表面開始變乾，放上已抹一層油的捲軸，利用捲軸的輔助將第1片蛋糕捲起，用手按住接口使蛋糕固定，關火，蓋上鍋蓋等約2分鐘。
6. 接著製作第2片蛋糕，舀2大匙麵糊在平底鍋中間，提起鍋把傾斜，使麵糊展開成長形，以最小火開始煎，當麵糊表面出現許多氣孔時，將第一片蛋糕以接口面朝下的方式鋪上，當麵糊開始變乾時快速捲起，關火，蓋上鍋蓋，等待約2分鐘之後再取出。
7. 繼續製作下一片，接下來的動作都一樣，直到舀入最後一勺麵糊前，將芝麻粒撒在鍋面，再舀入麵糊蓋過芝麻粒，可依個人需要決定年輪蛋糕片數。

Vanilla & Cranberry Cheese Baumkuchen

ANNIE'S TIPS

◇ 起司棒可以在全省各大超市選購，3 條為一組，濃郁的起司加上酸度明顯的蔓越莓，剛好相輔相成。

蔓越莓起司年輪蛋糕

完成品份量：直徑6公分、長8公分2條
煎烤火候／時間：小火／10分鐘
最佳賞味期：室溫1天／冷藏4天

INGREDIENT

A
全蛋2個
細砂糖45公克

B
香草精1/4小匙
植物油15公克
果糖25公克
牛奶45公克

C
低筋麵粉90公克
玉米粉10公克
泡打粉1/2小匙

D
北海道起司棒6條
蔓越莓乾碎1大匙

RECIPE

1 全蛋打入攪拌盆，加入細砂糖，打到粗粒泡沫狀時，轉中速，慢慢打到蛋液體積膨脹且顏色變淡。

2 材料B先混合拌勻，分次慢慢加入攪拌盆，以慢速拌勻。

3 材料C所有粉類過篩，加入攪拌盆中拌勻，即為香草麵糊。

4 在平底鍋刷上一層油後預熱，舀2大匙麵糊在平底鍋中間，提起鍋把傾斜使麵糊自動流下展開成寬6公分、長8公分的長形麵糊，以最小火開始煎，麵糊表面會出現許多氣孔，蓋上鍋蓋。

5 當麵糊表面開始變乾，放上起司棒當作捲軸（圖1），利用捲軸的輔助將第1片蛋糕捲起，用手按住接口使蛋糕固定（圖2），關火，蓋上鍋蓋等約2分鐘。

6 接著製作第2片蛋糕，舀2大匙麵糊在平底鍋中間，提起鍋把傾斜，使麵糊展開成長形，以最小火開始煎，鋪上蔓越莓乾碎（圖3），當麵糊表面出現許多氣孔時，將第一片蛋糕以接口面朝下的方式鋪上，當麵糊開始變乾時快速捲起（圖4），關火，蓋上鍋蓋，等待約2分鐘之後再取出。

7 繼續製作下一片，接下來的動作都一樣，可依個人需要決定年輪蛋糕片數即可切片。

1

2

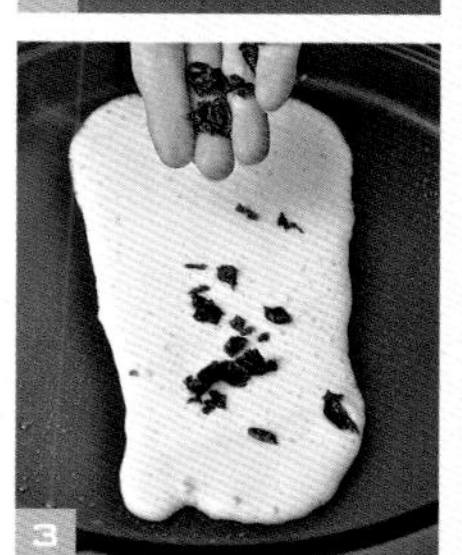
3

4

ANNIE'S TIPS

◇ 玻璃瓶的消毒方式為將玻璃瓶洗淨後放入滾水中煮5分鐘，取出倒扣於烘碗機或低溫烤箱（100℃）烘烤，直到瓶子完全乾燥為止。瓶蓋如果是可以加熱的材質，也請一起消毒，如果不是，請在瓶口覆蓋保鮮膜之後再蓋上瓶蓋，以隔絕細菌。

蜜蘋果放入冰箱冷藏可以保存約 14 天。

◇ 若要我挑選一款最中意的年輪蛋糕來當作贈禮點心，建議此款蜜蘋果年輪蛋糕絕對是首選，因為蜜蘋果的滋味實在太棒了，再搭配來自馬達加斯加的天然香草精，整個點心散發出令人嚮往的高雅氣質，我品嚐時還會配上打發的鮮奶油。

Sugared Apple Baumkuchen

蜜蘋果年輪蛋糕

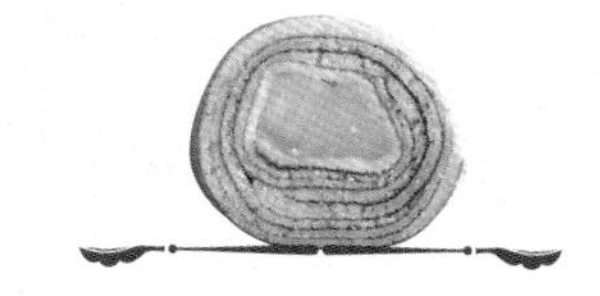

完成品份量：直徑 6 公分、長 8 公分 2 條
煎烤火候 / 時間：小火 / 10 分鐘
最佳賞味期：室溫半天 / 冷藏 2 天

INGREDIENT

A
全蛋2個
細砂糖45公克

B
香草精1/4小匙
植物油15公克
果糖25公克
牛奶45公克

C
低筋麵粉90公克
玉米粉10公克
泡打粉1/2小匙

D
中型蘋果2顆
細砂糖50公克
蜂蜜30公克
水350cc
白蘭地1大匙

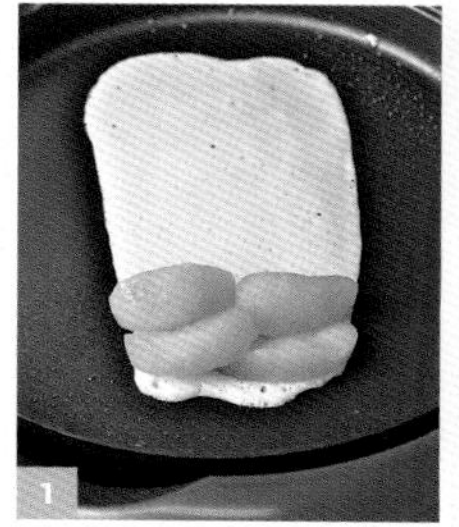
1

2

RECIPE

1. 蘋果去皮、去核，各切成8片備用。
2. 將細砂糖、蜂蜜和水倒入鍋中煮沸，放入蘋果片，轉小火續煮7～8分鐘，關火，加入白蘭地，繼續浸泡直到降溫即為蜜蘋果。
3. 準備1個400cc容量且消毒過的玻璃瓶，將蘋果和煮汁裝入瓶中，蓋上瓶蓋後放入冰箱冷藏，隔天取出即可使用。
4. 全蛋打入攪拌盆，加入細砂糖，打到粗粒泡沫狀時，轉中速，慢慢打到蛋液體積膨脹且顏色變淡。
5. 材料B先混合拌勻，分次慢慢加入攪拌盆，以慢速拌勻。
6. 材料C所有粉類過篩，加入攪拌盆中拌勻，即為香草麵糊。
7. 在平底鍋刷上一層油後預熱，舀2大匙麵糊在平底鍋中間，提起鍋把傾斜使麵糊自動流下展開成寬6公分、長8公分的長形麵糊，以最小火開始煎，麵糊表面會出現許多氣孔，蓋上鍋蓋。
8. 當麵糊表面開始變乾，放上4片蜜蘋果當作捲軸（圖1），利用捲軸的輔助將第1片蛋糕捲起（圖2），用手按住接口使蛋糕固定，關火，蓋上鍋蓋等約2分鐘。
9. 接著製作第2片蛋糕，舀2大匙麵糊在平底鍋中間，提起鍋把傾斜，使麵糊展開成長形，以最小火開始煎，當麵糊表面出現許多氣孔時，將第一片蛋糕以接口面朝下的方式鋪上，當麵糊開始變乾時快速捲起，關火，蓋上鍋蓋，等待約2分鐘之後再取出。
10. 繼續製作下一片，可依個人需要決定年輪蛋糕片數即可。

ANNIE'S TIPS

◇ 巧克力淋醬的質感比較濃，需要冷藏保存，可以當作各式甜點的淋醬。退冰後直接軟化即可使用，不需要再隔水加熱，以免導致油水分離。

Jam & Chocolate Baumkuchen

雙滋味巧克力年輪蛋糕

完成品份量：直徑 6 公分、長 12 公分 2 條
煎烤火候 / 時間：小火 / 10 分鐘
最佳賞味期：室溫 1 天 / 冷藏 4 天

INGREDIENT

A
全蛋2個
細砂糖45公克

B
純可可粉10公克
熱牛奶45cc
植物油15公克
李子果醬25公克

C
低筋麵粉90公克
玉米粉10公克
泡打粉1/2小匙

D
白巧克力50公克
動物性鮮奶油100公克

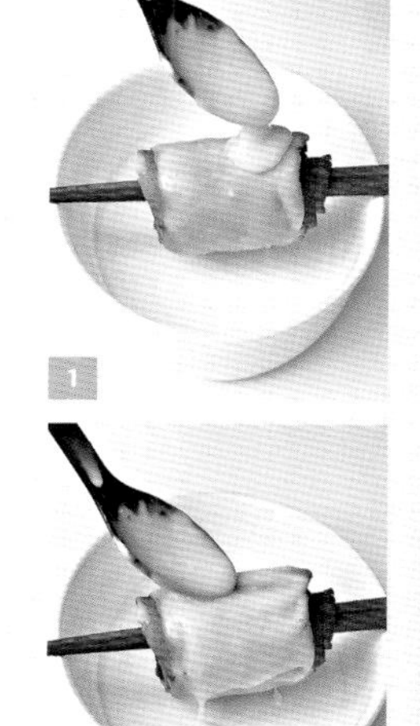

RECIPE

1 白巧克力切碎，鮮奶油隔水加熱，等鮮奶油加熱至40～50℃時，關火，加入白巧克力，輕輕攪拌直到材料混合均勻即為淋醬。

2 全蛋打入攪拌盆，加入細砂糖，打到粗粒泡沫狀時，轉中速，慢慢打到蛋液體積膨脹且顏色變淡。

3 可可粉和熱牛奶混合攪拌至溶解，加入其他材料B先混合拌勻，分次慢慢加入攪拌盆，以慢速拌勻。

4 材料C所有粉類過篩，加入攪拌盆中拌勻，即為巧克力麵糊。

5 在平底鍋刷上一層油後預熱，舀2大匙麵糊在平底鍋中間，提起鍋把傾斜使麵糊自動流下展開成寬6公分、長12公分的長形麵糊，以最小火開始煎，麵糊表面會出現許多氣孔，蓋上鍋蓋。

6 當麵糊表面開始變乾，放上抹油的捲軸，利用捲軸的輔助將第1片蛋糕捲起，用手按住接口使蛋糕固定，關火，蓋上鍋蓋等約2分鐘。

7 接著製作第2片蛋糕，舀2大匙麵糊在平底鍋中間，提起鍋把傾斜，使麵糊展開成長形，以最小火開始煎，當麵糊表面出現許多氣孔時，將第一片蛋糕以接口面朝下的方式鋪上，當麵糊開始變乾時快速捲起，關火，蓋上鍋蓋，等待約2分鐘之後再取出。

8 繼續製作下一片，接下來的動作都一樣，可依個人需要決定年輪蛋糕片數。將捲軸取出，以筷子當軸心把蛋糕架在有深度的盤子上，表面淋上巧克力淋醬（圖1、2），冷藏待降溫，取出縱向切半即可（圖3）。

刺蝟巧克力年輪蛋糕

完成品份量：直徑6公分、長15公分1條
煎烤火候／時間：小火／ 10分鐘
最佳賞味期：室溫1天／冷藏4天

ANNIE'S TIPS

◇ 剩下的巧克力醬與杏仁條可以混合拌匀，用湯匙分成小堆鋪於烘焙紙，待凝固即可食用。

INGREDIENT

A
全蛋2個
細砂糖45公克

B
純可可粉10公克
熱牛奶45cc
植物油15公克
果糖25公克

C
低筋麵粉90公克
玉米粉10公克
泡打粉1/2小匙

D
杏仁條35公克
苦甜巧克力150公克
無鹽奶油35公克

Almond Chips Baumkuchen

RECIPE

1. 全蛋打入攪拌盆，加入細砂糖，打到粗粒泡沫狀時，轉中速，慢慢打到蛋液體積膨脹且顏色變淡。
2. 可可粉和熱水混合攪拌至溶解，加入其他材料B先混合拌匀，分次慢慢加入攪拌盆，以慢速拌匀。
3. 材料C所有粉類過篩，加入攪拌盆中拌匀，即為巧克力麵糊。
4. 在平底鍋刷上一層油後預熱，舀2大匙麵糊在平底鍋中間，提起鍋把傾斜使麵糊自動流下展開成寬6公分、長15公分的長形麵糊，以最小火開始煎，麵糊表面會出現許多氣孔，蓋上鍋蓋。
5. 當麵糊表面開始變乾，放上抹油的捲軸，利用捲軸的輔助將第1片蛋糕捲起，用手按住接口使蛋糕固定，關火，蓋上鍋蓋等約2分鐘。
6. 接著製作第2片蛋糕，舀2大匙麵糊在平底鍋中間，提起鍋把傾斜，使麵糊展開成長形，以最小火開始煎，當麵糊表面出現許多氣孔時，將第一片蛋糕以接口面朝下的方式鋪上，當麵糊開始變乾時快速捲起，關火，蓋上鍋蓋，等待約2分鐘之後再取出。
7. 繼續製作下一片，可依個人需要決定年輪蛋糕片數，將捲軸取出。
8. 苦甜巧克力放入鋼盆，隔水加熱融化，離火，加入奶油拌融化，待巧克力醬降溫不燙手的狀態，均匀塗在蛋糕表面。
9. 杏仁條放入乾鍋，以小火炒香，關火。杏仁條折對半，插在蛋糕表面形成刺蝟形狀即可。

牛軋糖巧克力年輪蛋糕

完成品份量：直徑5公分、長8公分3條
煎烤火候／時間：小火／10分鐘
最佳賞味期：室溫1天／冷藏4天

Annie's Tips

◇這款年輪蛋糕的寬度與市售牛軋糖的長度相當，所以整體外型非常小巧。因為牛軋糖屬於遇熱會融化的糖果，所以在製作前先放入冰箱冷凍，可防止融化的情況發生。

Chocolate Nougat Baumkuchen

Ingredient

A
全蛋2個
細砂糖45公克

B
純可可粉10公克
熱牛奶45cc
植物油15公克
果糖25公克

C
低筋麵粉90公克
玉米粉10公克
泡打粉1/2小匙

D
牛軋糖3個

Recipe

1. 全蛋打入攪拌盆，加入細砂糖，打到粗粒泡沫狀時，轉中速，慢慢打到蛋液體積膨脹且顏色變淡。
2. 可可粉和熱牛奶混合攪拌至溶解，加入其他材料B先混合拌勻，分次慢慢加入攪拌盆，以慢速拌勻。
3. 材料C所有粉類過篩，加入攪拌盆中拌勻，即為巧克力麵糊。
4. 在平底鍋刷上一層油後預熱，舀2大匙麵糊在平底鍋中間，提起鍋把傾斜使麵糊自動流下展開成寬5公分、長8公分的長形麵糊，以最小火開始煎，麵糊表面會出現許多氣孔，蓋上鍋蓋。
5. 當麵糊表面開始變乾，放上牛軋糖當作捲軸，利用捲軸的輔助將第1片蛋糕捲起，用手按住接口使蛋糕固定，關火，蓋上鍋蓋等約2分鐘。
6. 接著製作第2片蛋糕，舀2大匙麵糊在平底鍋中間，提起鍋把傾斜，使麵糊展開成長形，以最小火開始煎，當麵糊表面出現許多氣孔時，將第一片蛋糕以接口面朝下的方式鋪上，當麵糊開始變乾時快速捲起，關火，蓋上鍋蓋，等待約2分鐘之後再取出。
7. 繼續製作下一片，可依個人需要決定年輪蛋糕片數即可。

ANNIE'S TIPS

◇ 煮焦糖醬的過程中不要使用鍋鏟、攪拌器等物品攪拌，而且鍋具盡量選擇不沾鍋，可避免黏鍋。

◇ 這款焦糖醬質感比較稀，適合當作甜點淋醬和咖啡茶的調味甜醬。放在冰箱冷藏後會變得稠一點，使用前用湯匙稍微攪拌，放在室溫的溫暖處回軟即可使用。

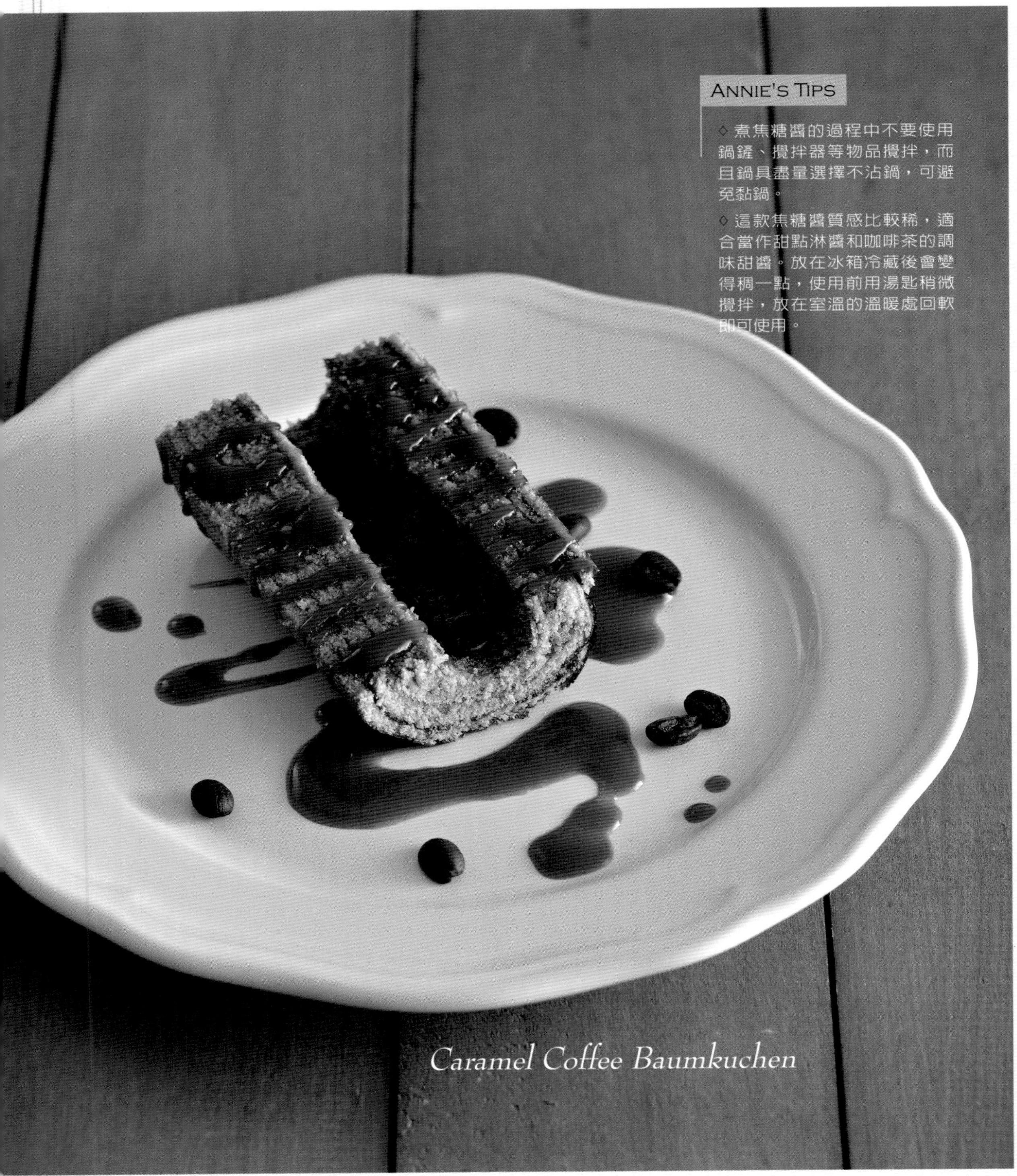

Caramel Coffee Baumkuchen

焦糖咖啡年輪蛋糕

完成品份量：直徑 6 公分、長 12 公分 1 條
煎烤火候 / 時間：小火 / 10 分鐘
最佳賞味期：室溫 1 天 / 冷藏 4 天

INGREDIENT

A
全蛋2個
細砂糖45公克

B
即溶咖啡粉1小匙
熱水20cc
植物油15公克
果糖25公克
牛奶25公克

C
低筋麵粉90公克
玉米粉10公克
泡打粉1/2小匙

D
細砂糖100公克
水1小匙
無鹽奶油60公克
動物性鮮奶油130公克

1

2

RECIPE

1 製作焦糖醬：細砂糖倒入鍋中，加入水讓水完全浸透糖，再開小火將糖煮到淡褐色。

2 關火後加入奶油，趁高溫讓奶油融化，可以晃動鍋子，幫助奶油快速融化。

3 等到奶油融化之後，倒入鮮奶油，開小火將材料煮到沸騰，待降溫放入無油水的乾淨容器中，加蓋冷藏保存可達14天。

4 全蛋打入攪拌盆，加入細砂糖，打到粗粒泡沫狀時，轉中速，慢慢打到蛋液體積膨脹且顏色變淡。

5 咖啡粉和熱水混合攪拌至溶解，加入其他材料B先混合拌勻，分次慢慢加入攪拌盆，以慢速拌勻。

6 材料C所有粉類過篩，加入攪拌盆中拌勻，即為咖啡麵糊。

7 在平底鍋刷上一層油後預熱，舀2大匙麵糊在平底鍋中間，提起鍋把傾斜使麵糊自動流下展開成寬6公分、長12公分的長形麵糊，以最小火開始煎，麵糊表面會出現許多氣孔，蓋上鍋蓋。

8 當麵糊表面開始變乾，放上抹油的捲軸，利用捲軸的輔助將第1片蛋糕捲起（圖1），用手按住接口使蛋糕固定，關火，蓋上鍋蓋等約2分鐘。

9 接著製作第2片蛋糕，舀2大匙麵糊在平底鍋中間，提起鍋把傾斜，使麵糊展開成長形，以最小火開始煎，當麵糊表面出現許多氣孔時，將第一片蛋糕以接口面朝下的方式鋪上，當麵糊開始變乾時快速捲起，關火，蓋上鍋蓋，等待約2分鐘之後再取出。

10 繼續製作下一片，可依個人需要決定年輪蛋糕片數。取出捲軸，縱向切半後放在盤子上，淋上焦糖醬，以咖啡豆裝飾即可（圖2）。

椰香咖啡年輪蛋糕

完成品份量：直徑 6 公分、長 18 公分 1 條
煎烤火候 / 時間：小火 / 10 分鐘
最佳賞味期：室溫 1 天 / 冷藏 4 天

INGREDIENT

A
全蛋2個、細砂糖45公克

B
即溶咖啡粉1小匙
熱水20cc
植物油15公克
果糖25公克
椰漿25公克

C
低筋麵粉90公克
玉米粉10公克
泡打粉1/2小匙

D
椰子粉100公克

RECIPE

1 全蛋打入攪拌盆，加入細砂糖，打到粗粒泡沫狀時，轉中速，慢慢打到蛋液體積膨脹且顏色變淡。

2 咖啡粉和熱水混合攪拌至溶解，加入其他材料B先混合拌勻，分次慢慢加入攪拌盆，以慢速拌勻。

3 材料C所有粉類過篩，加入攪拌盆中拌勻，即為咖啡麵糊。

4 在平底鍋刷上一層油後預熱，舀2大匙麵糊在平底鍋中間，提起鍋把傾斜使麵糊自動流下展開成寬6公分、長18公分的長形麵糊，以最小火開始煎，麵糊表面會出現許多氣孔，蓋上鍋蓋。

5 當麵糊表面開始變乾，放上抹油的捲軸，利用捲軸的輔助將第1片蛋糕捲起，用手按住接口使蛋糕固定，關火，蓋上鍋蓋等約2分鐘。

6 接著製作第2片蛋糕，舀2大匙麵糊在平底鍋中間，提起鍋把傾斜，使麵糊展開成長形，以最小火開始煎，當麵糊表面出現許多氣孔時，將第一片蛋糕以接口面朝下的方式鋪上，當麵糊開始變乾時快速捲起，關火，蓋上鍋蓋，等待約2分鐘之後再取出。

7 繼續製作下一片，接下來的動作都一樣，可依個人需要決定年輪蛋糕片數即可，趁熱裹上椰子粉。

ANNIE'S TIPS

◇ 可以將材料內的植物油配方改成椰子油，製作完成的蛋糕會充滿椰子香氣。

優格抹茶年輪蛋糕

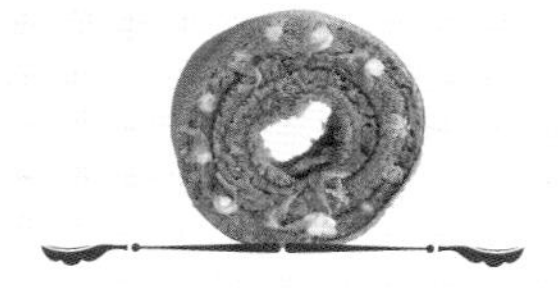

完成品份量：直徑 6 公分、長 18 公分 1 條
煎烤火候 / 時間：小火 / 10 分鐘
最佳賞味期：室溫 1 天 / 冷藏 4 天

Yogurt Green Tea Baumkuchen

INGREDIENT

A
全蛋2個
細砂糖45公克

B
植物油15公克
果糖25公克
優格45公克

C
低筋麵粉90公克
玉米粉10公克
抹茶粉10公克
泡打粉1/2小匙

D
檸檬1個
優格2大匙

RECIPE

1. 用削皮刀刮下檸檬皮，再將檸檬切半，其中一半擠出汁液備用。
2. 全蛋打入攪拌盆，加入細砂糖，打到粗粒泡沫狀時，轉中速，慢慢打到蛋液體積膨脹且顏色變淡。
3. 取1/2小匙的檸檬皮、檸檬汁和材料B先混合拌勻，分次慢慢加入攪拌盆，以慢速拌勻。
4. 材料C所有粉類過篩，加入攪拌盆中拌勻，即為抹茶麵糊。
5. 在平底鍋刷上一層油後預熱，舀2大匙麵糊在平底鍋中間，提起鍋把傾斜使麵糊展開成寬6公分、長18公分長形麵糊，以最小火煎，麵糊表面會出現許多氣孔，蓋上鍋蓋。
6. 當麵糊表面開始變乾，撒上適量檸檬皮，放上已抹一層油的捲軸，利用捲軸的輔助將第1片蛋糕捲起，用手按住接口使蛋糕固定，關火，蓋上鍋蓋等約2分鐘。
7. 接著製作第2片蛋糕，舀2大匙麵糊在平底鍋中間，提起鍋把傾斜，使麵糊展開成長形，以最小火開始煎，撒上適量檸檬皮，當麵糊表面出現許多氣孔時，將第一片蛋糕以接口面朝下的方式鋪上，當麵糊開始變乾時快速捲起，關火，蓋上鍋蓋，等待約2分鐘之後再取出。
8. 繼續製作下一片，每一層麵糊都要撒上檸檬皮，可依個人需要決定年輪蛋糕片數，待降溫後取出捲軸，切割面點上優格並撒上檸檬皮即可。

ANNIE'S TIPS

◇ 綠皮的檸檬比較常見，綠皮的正確名稱是萊姆，而黃皮才是檸檬。萊姆的皮和果肉都比較硬，味道偏酸；黃色檸檬的皮雖然厚，但是果肉比較軟，味道也沒那麼酸，兩種在甜點的製作上使用都非常廣泛，你可以任選方便購買的品種。

ANNIE'S TIPS

◇蜜紅豆粒要平均撒放，而且動作要輕且快，如果用力把紅豆粒壓入麵糊，會造成麵糊破洞，捲的時後容易黏鍋。

Red Bean Green Tea Baumkuchen

抹茶紅豆年輪蛋糕

完成品份量：直徑 6 公分、長 10 公分 2 條
煎烤火候 / 時間：小火 / 10 分鐘
最佳賞味期：室溫 1 天 / 冷藏 4 天

INGREDIENT

A
全蛋2個
細砂糖45公克

B
植物油15公克
果糖25公克
牛奶45公克

C
低筋麵粉90公克
玉米粉10公克
抹茶粉10公克
泡打粉1/2小匙

D
蜜紅豆粒120公克
黑芝麻粒2小匙

RECIPE

1 全蛋打入攪拌盆，加入細砂糖，打到粗粒泡沫狀時，轉中速，慢慢打到蛋液體積膨脹且顏色變淡。

2 材料B先混合拌勻，分次慢慢加入攪拌盆，以慢速拌勻。

3 材料C所有粉類過篩，加入攪拌盆中拌勻，即為抹茶麵糊。

4 在平底鍋刷上一層油後預熱，舀2大匙麵糊在平底鍋中間，提起鍋把傾斜使麵糊自動流下展開成寬6公分、長10公分的長形麵糊，以最小火開始煎，麵糊表面會出現許多氣孔，蓋上鍋蓋。

5 當麵糊表面開始變乾，放上已抹一層油的捲軸，利用捲軸的輔助將第1片蛋糕捲起，用手按住接口使蛋糕固定，關火，蓋上鍋蓋等約2分鐘。

6 接著製作第2片蛋糕，舀2大匙麵糊在平底鍋中間，提起鍋把傾斜，使麵糊展開成長形，以最小火開始煎，鋪上蜜紅豆粒（圖1），當麵糊表面出現許多氣孔時，將第一片蛋糕以接口面朝下的方式鋪上，當麵糊開始變乾時快速捲起（圖2），關火，蓋上鍋蓋，等待約2分鐘之後再取出。

7 繼續製作下一片，直到舀入最後一勺麵糊前，將黑芝麻粒撒在鍋面，再舀入麵糊蓋過黑芝麻粒（圖3），可依個人需要決定蛋糕片數後捲起（圖4）。

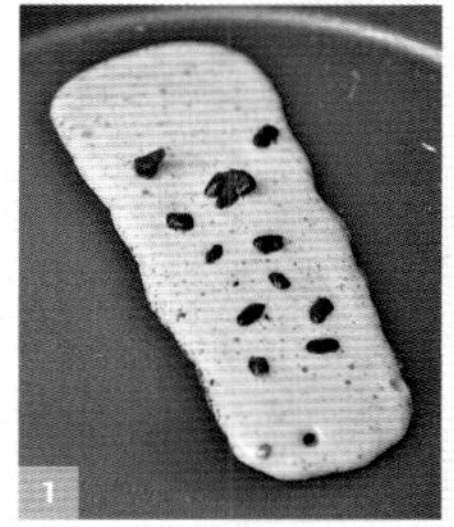

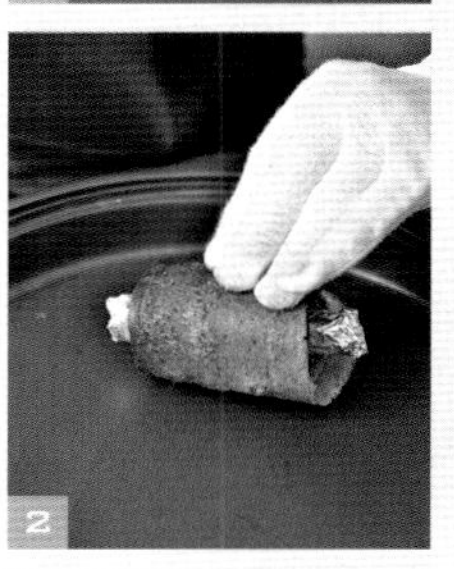

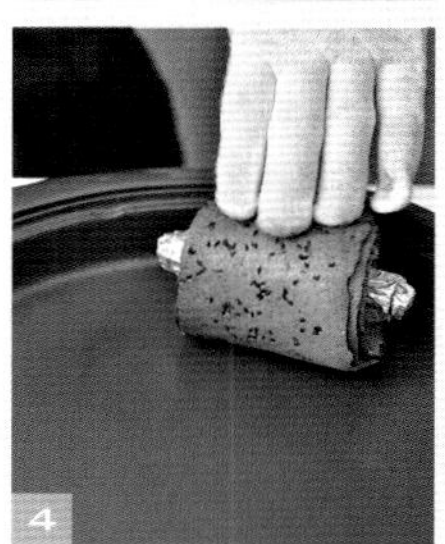

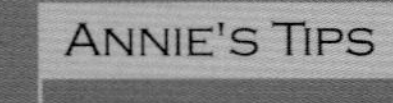

◇ 捲軸內因為填入百香果凍，因此必須用大的捲軸較方便。

◇ 可以在蛋糕卷的底部塞入一小坨揉成圓球狀的鋁箔紙，以防止倒入的果汁流出來。倒入果汁之前，預先將蛋糕卷冷凍過，可以幫助果汁迅速凝結，防止溢出的損失。

Passion Fruit Jelly Baumkuchen

百香果茶凍年輪蛋糕

完成品份量：直徑 8 公分、長 18 公分 1 條
煎烤火候 / 時間：小火 / 10 分鐘
最佳賞味期：室溫 1 天 / 冷藏 4 天

INGREDIENT

A
全蛋2個
細砂糖45公克

B
紅茶葉5公克
牛奶20公克
植物油15公克
果糖25公克

C
低筋麵粉90公克
玉米粉10公克
泡打粉1/2小匙

D
百香果汁200cc
果凍粉5公克
細砂糖5公克

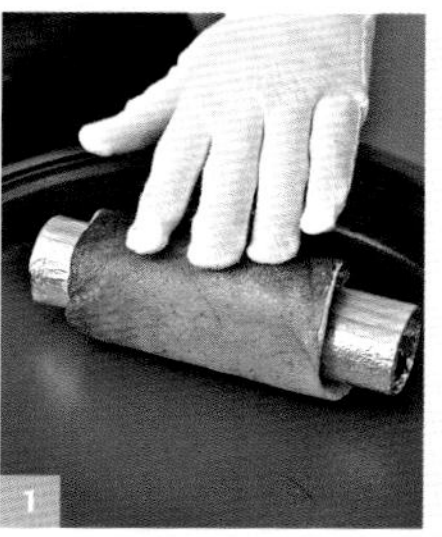
1

2

RECIPE

1 紅茶葉放入咖啡研磨機磨細，或是放入研磨缽磨細即成紅茶粉。

2 將紅茶粉和牛奶倒入鍋中，以小火煮到沸騰，關火，蓋上鍋蓋燜3分鐘，加入其他材料B混合拌勻，瀝出茶汁。

3 全蛋打入攪拌盆，加入細砂糖，打到粗粒泡沫狀時，轉中速，慢慢打到蛋液體積膨脹且顏色變淡。

4 作法2材料分次慢慢加入攪拌盆，以慢速拌勻。

5 材料C所有粉類過篩，加入攪拌盆中拌勻，即為紅茶麵糊。

6 在平底鍋刷上一層油後預熱，舀2大匙麵糊在平底鍋中間，提起鍋把傾斜使麵糊自動流下展開成寬8公分、長18公分的長形麵糊，以最小火開始煎，麵糊表面會出現許多氣孔，蓋上鍋蓋。

7 當麵糊表面開始變乾，放上已抹一層油的捲軸，利用捲軸的輔助將第1片蛋糕慢慢捲起（圖1），用手按住接口使蛋糕固定，關火，蓋上鍋蓋等約2分鐘。

8 接著製作第2片蛋糕，舀2大匙麵糊在平底鍋中間，提起鍋把傾斜，使麵糊展開成長形，以最小火開始煎，當麵糊表面出現許多氣孔時，將第一片蛋糕以接口面朝下的方式鋪上，當麵糊開始變乾時快速捲起，關火，蓋上鍋蓋，等待約2分鐘之後再取出。

9 繼續製作下一片，可依個人需要決定年輪蛋糕片數捲起，待完全降溫再放入冰箱冷凍2小時定型。

10 取出年輪蛋糕，抽出捲軸，其中一端以鋁箔紙包緊備用。

11 果凍粉和細砂糖放入小碗內混合拌勻。百香果汁倒入鍋中，加入果凍料，以小火邊加熱邊攪拌至沸騰，關火。

12 從蛋糕的上端倒入果凍液（圖2），再放入冰箱冷藏至果凍凝固即可。

麥香奶茶年輪蛋糕

完成品份量：直徑 6 公分、長 15 公分 1 條
煎烤火候 / 時間：小火 / 10 分鐘
最佳賞味期：室溫 1 天 / 冷藏 4 天

Annie's Tips

◊ 麥香奶茶也可以牛奶替代，或是將紅茶葉改成綠茶葉亦可；小麥胚芽可到烘焙材料店購買。

Ingredient

A
全蛋2個
細砂糖45公克

B
紅茶葉2.5公克
麥香奶茶45公克
植物油15公克
果糖25公克

C
低筋麵粉90公克
玉米粉10公克
泡打粉1/2小匙

D
果糖少許
小麥胚芽20公克

Recipe

1 紅茶葉放入咖啡研磨機磨細，或是放入研磨缽磨細即成紅茶粉。

2 將紅茶粉和麥香奶茶倒入鍋中，以小火煮到沸騰，關火，蓋上鍋蓋燜3分鐘，接著加入其他材料B混合拌勻，透過濾網瀝出茶汁。

3 全蛋打入攪拌盆，加入細砂糖，打到粗粒泡沫狀時，轉中速，慢慢打到蛋液體積膨脹且顏色變淡。

4 作法2材料分次慢慢加入攪拌盆，以慢速拌勻。

5 材料C所有粉類過篩，加入攪拌盆中拌勻，即為紅茶麵糊。

6 在平底鍋刷上一層油後預熱，舀2大匙麵糊在平底鍋中間，提起鍋把傾斜使麵糊自動流下展開成寬6公分、長15分的長形麵糊，以最小火開始煎，麵糊表面會出現許多氣孔，蓋上鍋蓋。

Milk Black Tea Baumkuchen

7 當麵糊表面開始變乾，放上已抹一層油的捲軸，利用捲軸的輔助將第1片蛋糕捲起，用手按住接口使蛋糕固定，關火，蓋上鍋蓋等約2分鐘。

8 接著製作第2片蛋糕，舀2大匙麵糊在平底鍋中間，提起鍋把傾斜，使麵糊展開成長形，以最小火開始煎，當麵糊表面出現許多氣孔時，將第一片蛋糕以接口面朝下的方式鋪上，當麵糊開始變乾時快速捲起，關火，蓋上鍋蓋，等待約2分鐘之後再取出。

9 繼續製作下一片，可依個人需要決定年輪蛋糕片數捲起，在蛋糕表面塗一層果糖，趁熱滾上小麥胚芽即可。

檸檬小麥草年輪蛋糕

完成品份量：直徑 6 公分、長 15 公分 1 條
煎烤火候 / 時間：小火 / 10 分鐘
最佳賞味期：室溫 1 天 / 冷藏 4 天

INGREDIENT

A
全蛋2個
細砂糖45公克

B
植物油15公克
果糖25公克
牛奶45公克

C
低筋麵粉90公克
小麥草粉5公克
玉米粉10公克
泡打粉1/2小匙

D
蛋黃1個
細糖10公克
低筋麵粉7公克
玉米粉5公克
牛奶125公克
檸檬汁25公克

RECIPE

1 製作檸檬卡士達醬：蛋黃、細砂糖放入攪拌盆，用打蛋器快速攪拌至蛋液顏色變淡且質感變濃。低筋麵粉和玉米粉混合過篩加入盆中，拌勻。

2 牛奶倒入小鍋加熱至即將沸騰狀態，離火後倒入作法1混合攪拌，再將材料倒回小鍋，以小火邊加熱邊攪拌，直到材料沸騰且濃稠，關火，加入檸檬汁，隔冰水降溫，邊降溫邊攪拌，待完全降溫後表面用保鮮膜緊貼，放入冰箱冷藏即可。

3 全蛋打入攪拌盆，加入細砂糖，打到粗粒泡沫狀時，轉中速，慢慢打到蛋液體積膨脹且顏色變淡。

4 材料B先混合拌勻，分次慢慢加入攪拌盆，以慢速拌勻。

5 材料C粉類過篩，加入攪拌盆中拌勻即為麵糊。

6 在平底鍋刷上一層油後預熱，舀2大匙麵糊在平底鍋中間，提起鍋把傾斜使麵糊自動流下展開成寬6公分、長15公分的長形麵糊，以最小火開始煎，麵糊表面會出現許多氣孔，蓋上鍋蓋。

7 當麵糊表面開始變乾，放上已抹一層油的捲軸，利用捲軸的輔助將第1片蛋糕捲起，用手按住接口使蛋糕固定，關火，蓋上鍋蓋等約2分鐘。

8 繼續製作下一片，動作都一樣，可依個人需要決定蛋糕片數即可。

ANNIE'S TIPS

◇ 卡士達醬的稠稀度與牛奶的多寡有密切關係，可以依照個人需求與喜好來調整。

◇ 這款年輪蛋糕的風味建議搭配酸度明顯的檸檬卡士達醬，可增添令人愉悅的口感享受。

ANNIE'S TIPS

◇ 每一層麵糊需比上一層麵糊直徑大，才能完整包覆栗子串。

◇ 竹炭粉為可食養生粉類，可至烘焙材料店購買。

Charcoal Chestnuts Baumkuchen

竹炭栗子年輪蛋糕

完成品份量：長 10 公分 2 條
煎烤火候 / 時間：小火 / 10 分鐘
最佳賞味期：室溫 1 天 / 冷藏 4 天

INGREDIENT

A
全蛋2個
細砂糖45公克

B
植物油15公克
果糖25公克
牛奶45公克

C
低筋麵粉90公克
竹炭粉2公克
玉米粉10公克
泡打粉1/2小匙

D
栗子8個

RECIPE

1 每4個栗子用竹籤串起，共2串備用。

2 全蛋打入攪拌盆，加入細砂糖，打到粗粒泡沫狀時，轉中速，慢慢打到蛋液體積膨脹且顏色變淡。

3 材料B先混合拌勻，分次慢慢加入攪拌盆，以慢速拌勻。

4 材料C所有粉類過篩，加入攪拌盆中拌勻即為竹炭麵糊。

5 在平底鍋刷上一層油後預熱，舀1又1/2大匙麵糊在平底鍋中間，使麵糊自動展開成直徑約8公分的圓形麵糊，以最小火開始煎，麵糊表面會出現許多氣孔，蓋上鍋蓋。

6 當麵糊表面開始變乾，放上栗子串當作捲軸（圖1），關火，將兩邊的蛋糕片向上翻起，用手按住待固定（圖1），蓋上鍋蓋等約2分鐘。

7 接著製作第2片蛋糕，舀2大匙麵糊在平底鍋中間，使麵糊展開成圓形，以最小火開始煎，當麵糊表面出現許多氣孔時，將第一片包住栗子串的蛋糕以接口面朝下的方式鋪上（圖3），當麵糊開始變乾時，將兩邊的蛋糕片向上翻起，用手按住待固定。

8 重複以上同樣的動作，直到麵糊用盡，圖片中的每條蛋糕都以4片蛋糕片包裹即可（圖4）。

1

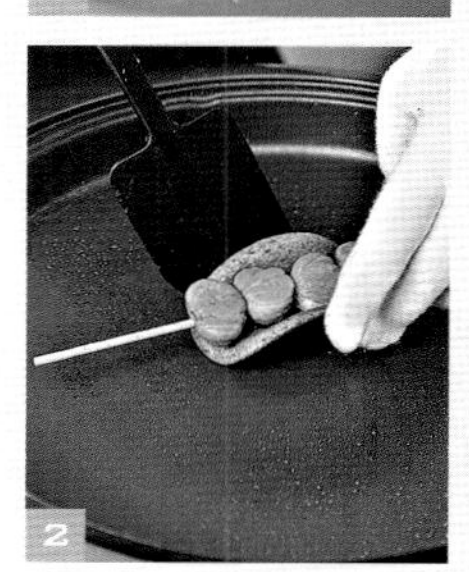
2

3

4

Osmanthus & Yakult Baumkuchen

桂花多多年輪蛋糕

完成品份量：直徑 5 公分 6 份
煎烤火候 / 時間：小火 / 10 分鐘
最佳賞味期：室溫 1 天 / 冷藏 2 天

INGREDIENT

A
全蛋2個
細砂糖15公克

B
植物油15公克
果糖25公克
養樂多45公克

C
低筋麵粉90公克
玉米粉10公克
泡打粉1/2小匙

D
蛋白1小匙
糖粉100公克
乾燥桂花碎1小匙

RECIPE

1 糖粉過篩於攪拌盆中，加入蛋白，用網狀攪拌器仔細攪拌，直到材料變得滑順黏稠即為蛋白糖霜。

2 全蛋打入攪拌盆，加入細砂糖，打到粗粒泡沫狀時，轉中速，慢慢打到蛋液體積膨脹且顏色變淡。

3 材料B先混合拌勻，分次慢慢加入攪拌盆，以慢速拌勻。

4 材料C粉類過篩，加入攪拌盆中拌勻，即為麵糊。

5 在平底鍋刷上一層油後預熱，舀1大匙麵糊在平底鍋中間，使麵糊自動展開成直徑約5公分的圓形麵糊，以最小火開始煎，麵糊表面會出現許多氣孔，蓋上鍋蓋。

6 當麵糊表面開始變乾，翻面，關火，再舀1大匙麵糊在第一片蛋糕的上面，翻面（圖1、2），蓋上鍋蓋等約2分鐘。

7 重複以上同樣的動作，直到麵糊用盡完成6份千層年輪蛋糕，均勻塗上蛋白糖霜（圖3），撒上桂花碎裝飾即可（圖4）。

ANNIE'S TIPS

◇蛋白份量也可以檸檬汁替代。
◇這款蛋糕的口感比較甜，如果不喜歡太甜，可以將養樂多的份量改成檸檬汁，或是桂花茶也不錯。

1

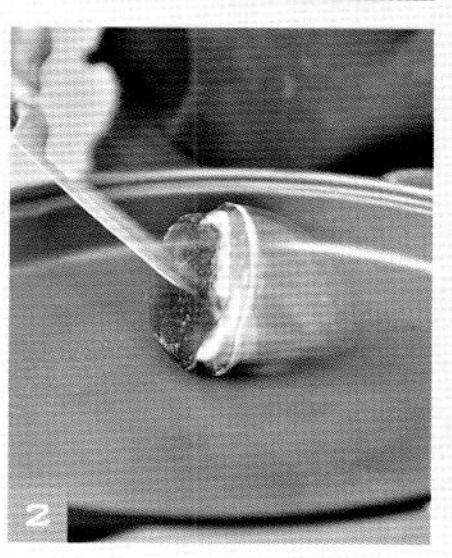
2

3

4

南瓜蜂蜜年輪蛋糕

完成品份量：直徑 6 公分、長 15 公分 1 條
煎烤火候 / 時間：小火 / 10 分鐘
最佳賞味期：室溫半天 / 冷藏 2 天

Pumpkin Honey Baumkuchen

INGREDIENT

A
全蛋2個
細砂糖45公克

B
植物油15公克
蜂蜜25公克
牛奶15公克
南瓜泥35公克

C
低筋麵粉90公克
玉米粉10公克
泡打粉1/2小匙

D
熟南瓜片4片

RECIPE

1 全蛋打入攪拌盆，加入細砂糖，打到粗粒泡沫狀時，轉中速，慢慢打到蛋液體積膨脹且顏色變淡。

2 材料B先混合拌勻，分次慢慢加入攪拌盆，以慢速拌勻。

3 材料C所有粉類過篩，加入攪拌盆中拌勻，即為南瓜麵糊。

4 在平底鍋刷上一層油後預熱，舀2大匙麵糊在平底鍋中間，提起鍋把傾斜使麵糊自動流下展開成寬6公分、長15公分的長形麵糊，以最小火開始煎，麵糊表面會出現許多氣孔，蓋上鍋蓋。

5 當麵糊表面開始變乾，放上2片南瓜片當作捲軸，利用捲軸的輔助將第1片蛋糕捲起，用手按住接口使蛋糕固定，關火，蓋上鍋蓋等約2分鐘。

6 接著製作第2片蛋糕，舀2大匙麵糊在平底鍋中間，提起鍋把傾斜，使麵糊展開成長形，以最小火開始煎，當麵糊表面出現許多氣孔時，將第一片蛋糕以接口面朝下的方式鋪上，當麵糊開始變乾時快速捲起，關火，蓋上鍋蓋，等待約2分鐘之後再取出。

7 繼續製作第三片蛋糕，再次放上2片南瓜片，重覆以上步驟至麵糊使用完。

ANNIE'S TIPS

◇ 南瓜片的外形又寬又扁，鋪於蛋糕體上自然會將蛋糕捲成方形。

◇ 一般人習慣用電鍋將南瓜蒸熟，取南瓜泥製作糕點，但是蒸過的南瓜水分太多，容易影響麵糊，所以使用蒸過的南瓜泥之前最好透過濾網仔細將水分瀝乾，再加入材料中攪拌。

桑椹煉乳年輪蛋糕

完成品份量：直徑 6 公分、長 18 公分 1 條
煎烤火候 / 時間：小火 / 10 分鐘
最佳賞味期：室溫 1 天 / 冷藏 4 天

Mulberry Milk Baumkuchen

INGREDIENT

A
全蛋2個
細砂糖45公克

B
植物油15公克
果糖25公克
煉乳15公克
桑椹濃縮汁55公克

C
低筋麵粉90公克
玉米粉10公克
泡打粉1/2小匙

RECIPE

1. 全蛋打入攪拌盆，加入細砂糖，打到粗粒泡沫狀時，轉中速，慢慢打到蛋液體積膨脹且顏色變淡。
2. 材料B先混合拌勻，分次慢慢加入攪拌盆，以慢速拌勻。
3. 材料C所有粉類過篩，加入攪拌盆中拌勻，即為桑椹麵糊。
4. 在平底鍋刷上一層油後預熱，舀2大匙麵糊在平底鍋中間，提起鍋把傾斜使麵糊自動流下展開成寬6公分、長18公分的長形麵糊，以最小火開始煎，麵糊表面會出現許多氣孔，蓋上鍋蓋。
5. 當麵糊表面開始變乾，放上抹油的捲軸，利用捲軸的輔助將第1片蛋糕捲起，用手按住接口使蛋糕固定，關火，蓋上鍋蓋等約2分鐘。
6. 接著製作第2片蛋糕，舀2大匙麵糊在平底鍋中間，提起鍋把傾斜，使麵糊展開成長形，以最小火開始煎，當麵糊表面出現許多氣孔時，將第一片蛋糕以接口面朝下的方式鋪上，當麵糊開始變乾時快速捲起，關火，蓋上鍋蓋，等待約2分鐘之後再取出。
7. 繼續製作下一片，可依個人需要決定年輪蛋糕片數即可。

ANNIE'S TIPS

◊ 桑椹年輪蛋糕是我在家最常製作的口味之一，原因是春天時總會煮上一大鍋桑椹濃縮汁，做為製作甜點和搭配優格品嚐。1 公斤桑椹需要使用 500 公克有機冰糖，桑椹與冰糖預先混合，不斷翻攪直到桑椹軟化且汁液流出，以中火邊加熱邊攪拌，煮的過程中若小泡泡變多，就要把火溫調降，一直煮到果汁變濃稠，也就是攪拌匙劃過鍋底會有明顯的紋路而不會立刻被果汁覆蓋的程度即可關火。等待略降溫時，把果汁透過濾網取汁液，果渣擇丟棄不使用。汁液倒入消毒過的玻璃瓶內冷藏保存，可達半年。

Red Wine Roses Baumkuchen

紅酒玫瑰年輪蛋糕

完成品份量：寬 6 公分、長 15 公分 1 條
煎烤火候 / 時間：小火 / 10 分鐘
最佳賞味期：室溫 1 天 / 冷藏 4 天

INGREDIENT

A

全蛋2個
細砂糖45公克

B

植物油15公克
果糖25公克
紅酒45公克
乾燥玫瑰花瓣1大匙

C

低筋麵粉90公克
玉米粉10公克
泡打粉1/2小匙

D

優格50公克（含糖或無糖均可）
乾燥玫瑰花瓣適量

RECIPE

1. 全蛋打入攪拌盆，加入細砂糖，打到粗粒泡沫狀時，轉中速，慢慢打到蛋液體積膨脹且顏色變淡。
2. 材料B先混合拌勻，分次慢慢加入攪拌盆，以慢速拌勻。
3. 材料C所有粉類過篩，加入攪拌盆中拌勻，再加入玫瑰花瓣拌勻即為麵糊（圖1）。
4. 在平底鍋刷上一層油後預熱，舀2大匙麵糊在平底鍋中間，提起鍋把傾斜使麵糊自動流下展開成寬6公分、長15公分的長形麵糊，以最小火開始煎，麵糊表面會出現許多氣孔，蓋上鍋蓋。
5. 當麵糊表面開始變乾，翻面，關火，再舀2大匙麵糊在第一片蛋糕的上面，翻面（圖2、3），蓋上鍋蓋等約2分鐘。
6. 重複以上同樣的動作，直到麵糊用盡，待蛋糕降溫後修邊成長方形，表面淋上優格（圖4），再撒上玫瑰花瓣即可。

ANNIE'S TIPS

◇ 翻面時動作務必輕柔，建議兩手都戴上手套，比較可以控制翻面的力道。

◇ 優格以原味為宜，可以選擇含糖或無糖皆可。

Mizo & Katsuo Flakes Baumkuchen

味噌柴魚千層蛋糕

完成品份量：直徑 6 公分、長 12 公分 2 條
煎烤火候 / 時間：小火 / 10 分鐘
最佳賞味期：室溫半天 / 冷藏 2 天

INGREDIENT

A
全蛋2個
細砂糖15公克
天然海鹽1小匙

B
植物油15公克
果糖25公克
水45公克
味噌1小匙

C
低筋麵粉90公克
玉米粉10公克
泡打粉1/2小匙

D
竹輪2根 (40公克)
柴魚碎2大匙

E
美乃滋少許
柴魚碎適量

RECIPE

1. 竹輪先汆燙後撈起瀝乾；味噌與水混合攪拌均勻，備用。
2. 全蛋打入攪拌盆，加入細砂糖，打到粗粒泡沫狀時，轉中速，慢慢打到蛋液體積膨脹且顏色變淡。
3. 材料B先混合拌勻，分次慢慢加入攪拌盆，以慢速拌勻。
4. 材料C粉類過篩，加入攪拌盆中拌勻即為麵糊。
5. 在平底鍋刷上一層油後預熱，舀2大匙麵糊在平底鍋中間，提起鍋把傾斜使麵糊自動流下展開成寬6公分、長12公分的長形麵糊，以最小火開始煎，麵糊表面會出現許多氣孔，蓋上鍋蓋。
6. 當麵糊表面開始變乾，均勻撒上材料D的柴魚碎，放上1支竹輪當作捲軸（圖1），利用捲軸的輔助將第1片蛋糕捲起，用手按住接口使蛋糕固定（圖2），關火，蓋上鍋蓋等約2分鐘。
7. 接著製作第2片蛋糕，舀2大匙麵糊在平底鍋中間，提起鍋把傾斜，使麵糊展開成長形，以最小火開始煎，當麵糊表面出現許多氣孔時，將第一片蛋糕以接口面朝下的方式鋪上，當麵糊開始變乾時快速捲起，關火，蓋上鍋蓋，等待約2分鐘之後再取出。
8. 繼續製作下一片，接下來的動作都一樣，在蛋糕表面抹上一層美乃滋，裹上柴魚碎即可。

1

2

鹹味創意卷

ANNIE'S TIPS

◇ 市售竹輪尺寸不一，選購大小適宜家中平底鍋寬度的竹輪即可。

◇ 裝飾的柴魚碎也可以改用海苔香鬆或是蔥花替代，柴魚碎要趁熱時覆蓋於蛋糕表面為佳。

Potato Sea Salt Baumkuchen

洋芋海鹽千層蛋糕

完成品份量：直徑 6 公分、長 12 公分 2 條
煎烤火候 / 時間：小火 / 10 分鐘
最佳賞味期：室溫半天 / 冷藏 2 天

INGREDIENT

A
全蛋2個
細砂糖15公克
天然海鹽1小匙

B
植物油15公克
果糖25公克
牛奶45公克

C
低筋麵粉90公克
玉米粉10公克
泡打粉1/2小匙
黑胡椒粉1/2小匙

D
馬鈴薯60公克
熱狗2支

1

2

3

RECIPE

1. 馬鈴薯切塊，放入滾水汆燙至熟，撈起瀝乾水分，以飯匙壓拌成泥。
2. 全蛋打入攪拌盆，加入細砂糖，打到粗粒泡沫狀時，轉中速，慢慢打到蛋液體積膨脹且顏色變淡。
3. 材料B先混合拌勻，分次慢慢加入攪拌盆，以慢速拌勻。
4. 材料C所有粉類過篩，加入攪拌盆中拌勻，加入馬鈴薯泥拌勻即為麵糊。
5. 在平底鍋刷上一層油後預熱，舀2大匙麵糊在平底鍋中間，提起鍋把傾斜使麵糊自動流下展開成寬6公分、長12公分的長形麵糊，以最小火開始煎，麵糊表面會出現許多氣孔，蓋上鍋蓋。
6. 當麵糊表面開始變乾，放上1支熱狗當作捲軸（圖1），利用捲軸的輔助將第1片蛋糕捲起，用手按住接口使蛋糕固定（圖2），關火，蓋上鍋蓋等約2分鐘。
7. 接著製作第2片蛋糕，舀2大匙麵糊在平底鍋中間，提起鍋把傾斜，使麵糊展開成長形，以最小火開始煎，當麵糊表面出現許多氣孔時，將第一片蛋糕以接口面朝下的方式鋪上，當麵糊開始變乾時快速捲起，關火，蓋上鍋蓋，等待約2分鐘之後再取出。
8. 繼續製作下一片，接下來的動作都一樣捲起多層即可（圖3）。

ANNIE'S TIPS

◇ 這款蛋糕是使用玉子燒鍋煎製，所以每條蛋糕卷只使用三片蛋糕捲起。若你希望能多捲幾片蛋糕，就必須使用鍋面大一點的鍋具來製作。

送你一份幸福禮物包裝法

收藏素材傳達心意

想將費盡功夫完成的美味蛋糕送給親友，該如何傳達心意呢？
我想「包裝」是非常重要的一環，把點心放入有質感的包裝內，再附上小卡片、花束或是小布偶，最能讓人體會送禮者的心意。平時就可以收集值得珍藏的罐子、紙盒、貼紙和緞帶，若手邊真的沒有這些素材，建議可以到花店、文具店尋找適合的物料；烘焙材料行也有一些包裝素材可供選擇，多逛多看就可以挑到喜歡的樣式。

蛋糕卷包裝重點

蛋糕卷是屬於比較脆弱且需要冷藏的點心，原因是蛋糕的質感鬆軟而且表面可能塗抹鮮奶油，所以選購的包裝素材必須讓蛋糕卷不容易被碰撞變形，而且擺入冰箱可以迅速讓低溫直達蛋糕體，亦即用來包裝蛋糕卷的盒子不可以太厚重，以免低溫無法順利到達蛋糕卷本身。

1. 挑選制式化的蛋糕卷專用紙盒，優點是透過透明塑膠窗口可以立刻看到蛋糕的外型。
2. 選擇尺寸與蛋糕體差不多的紙盒，可以使蛋糕穩穩躺在紙盒中，不至於碰撞。
3. 包裝盒外再加上一個手提袋，若天氣炎熱或久放，建議擺放一個保冷劑更佳。

年輪蛋糕包裝重點

年輪蛋糕是比較紮實、不怕碰撞的點心，未添加蔬果餡的年輪蛋糕在冬天時可以放在室溫下保鮮1至2天沒有問題。年輪蛋糕可以切片，亦可整條保持完整不切，所以選購的包裝素材可以多樣化，不必擔心碰撞變形的問題。

1. 年輪蛋糕切片後單獨包裝，可以在包裝袋內放入乾燥劑或脫氧包，延長保鮮期限。
2. 購買大張透明包裝紙，將整條年輪蛋糕包裹住，再利用喜愛的貼紙或緞帶打上蝴蝶結固定。
3. 包裝過的年輪蛋糕可以放在各種漂亮有質感的盒子、竹籃裡，放在手提袋內質感立即提升。
4. 購買制式化的西點紙盒，放入年輪蛋糕後再放於手提袋。

年輪蛋糕添新裝

變化1

將年輪蛋糕切片，切割面塗抹打發鮮奶油，兩片疊起，表面再以鮮奶油點綴，放上季節水果，淋上香草醬汁於盤上，均勻篩上防潮可可粉即可。

變化2

年輪蛋糕切5公分厚片，每片再分割成三等份，排列於盤子，盤子中間挖一球冰淇淋，蛋糕與蛋糕間擺放新鮮水果、薄荷葉點綴，盤子要預先入冰箱冷凍庫降溫。

變化3

用不完的蛋糕麵糊可以倒入紙杯或模具裡，再放入烤箱烘烤。

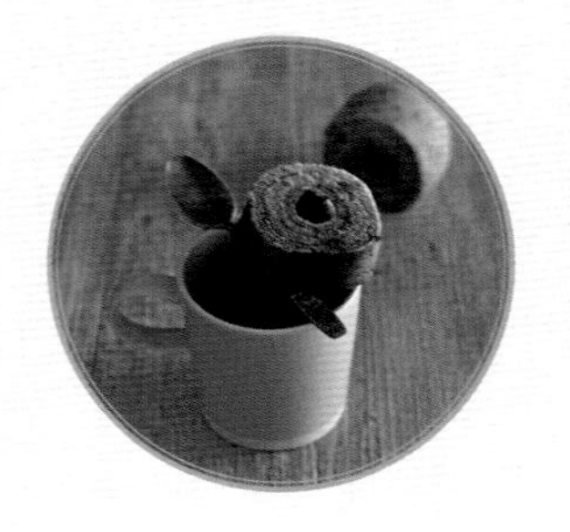

二魚文化 魔法廚房 M055

平底鍋愛戀蛋糕 年輪蛋糕＆蛋糕卷

作　　者　王安琪
攝　　影　周禎和
企畫主編　葉菁燕
文字撰寫　王安琪、燕湘綺
美術設計　費得貞

出 版 者　二魚文化事業有限公司
社址 106 臺北市大安區和平東路一段 121 號 3 樓之 2
網址 www.2-fishes.com
電話 (02)23515288
傳真 (02)23518061
郵政劃撥帳號 19625599
劃撥戶名　二魚文化事業有限公司
法律顧問　林鈺雄律師事務所

總 經 銷　大和書報圖書股份有限公司
電話 (02)8990-2588
傳真 (02)2290-1658

製版印刷　彩峰造藝印像股份有限公司
初版一刷　二〇一三年八月
I S B N　978-986-5813-06-2
定　　價　三五〇元

題字篆印／李蕭錕

國家圖書館出版品預行編目資料

平底鍋愛戀蛋糕：年輪蛋糕＆蛋糕卷
王安琪 著.
- 初版. -- 臺北市：二魚文化, 2013.08
104面；18.5×24.5公分. -- (魔法廚房；M055)
ISBN 978-986-5813-06-2(平裝)

1.點心食譜

427.16　　102013370